ESTRUTURAS ALGÉBRICAS PARA LICENCIATURA

VOLUME 1

FUNDAMENTOS DE MATEMÁTICA

Blucher

Jhone Caldeira Silva
Olimpio Ribeiro Gomes

ESTRUTURAS ALGÉBRICAS PARA LICENCIATURA

VOLUME 1

FUNDAMENTOS DE MATEMÁTICA

Estruturas algébricas para licenciatura: volume 1 – Fundamentos de Matemática

Editora Edgard Blücher Ltda.

1ª reimpressão - 2017

Arte da capa: Éric Flávio de Araújo e Ana Paula Chaves

Blucher

Rua Pedroso Alvarenga, 1245, 4º andar
04531-934 – São Paulo – SP – Brasil
Tel.: 55 11 3078-5366
contato@blucher.com.br
www.blucher.com.br

Segundo Novo Acordo Ortográfico, conforme 5. ed. do *Vocabulário Ortográfico da Língua Portuguesa*, Academia Brasileira de Letras, março de 2009.

FICHA CATALOGRÁFICA

Silva, Jhone Caldeira
Estruturas algébricas para licenciatura : Fundamentos de Matemática, v. 1 / Jhone Caldeira Silva, Olimpio Ribeiro Gomes. – São Paulo : Blucher, 2016.
162 p. : il.

Bibliografia
ISBN 978-85-212-1070-2

1. Matemática – Estudo e ensino 2. Prática de ensino I. Título II. Gomes, Olimpio Ribeiro

16-0522 CDD 510.7

Índice para catálogo sistemático:
1. Matemática – Estudo e ensino

APRESENTAÇÃO

O ENSINO DE ESTRUTURAS ALGÉBRICAS EM CURSOS DE LICENCIATURA EM MATEMÁTICA

O ensino de estruturas algébricas em cursos de licenciatura em Matemática não é apenas importante, mas essencial. Fundamentos básicos da Matemática estão aí compreendidos e conceitos primordiais são desenvolvidos por meio das abordagens aritmética e algébrica. O tratamento axiomático e as estruturas operatórias são essenciais à capacitação básica profissional e para gerar o alicerce indispensável à prática docente. Um grande desafio é identificar um método eficiente de ensino das estruturas algébricas nos cursos de licenciatura em Matemática. Os professores de Álgebra e Teoria dos Números têm a tarefa de lidar com a abstração e apresentar aos alunos conceitos fundamentais, de modo que estes tenham uma compreensão satisfatória e sejam capazes de perceber a importância desses conteúdos em suas realidades de sala de aula.

É importante focar com seriedade o processo de formação dos professores e garantir que os reflexos dessa formação nas salas de aula sejam os melhores possíveis.

Após algumas reflexões, lançamos um projeto intitulado *Estruturas Algébricas para Licenciatura*, fruto de nossa inquietação ao lecionar as disciplinas do tema, dentro dos currículos de cursos de licenciatura em Matemática no Distrito Federal e em Goiás. A proposta é a apresentação de livros didáticos elaborados com uma linguagem de fácil acesso a qualquer estudante de nível superior (ou mesmo de nível médio). Exploramos as ideias aritméticas e algébricas de maneira simples e clara, sem perder o rigor que a Matemática em si exige. Apresentamos um texto que auxilia professores e alunos no processo de aprendizagem das estruturas algébricas, sendo mais dialogado e rico em detalhes. As demonstrações são desenvolvidas de maneira didática e exemplos são apresentados no intuito de facilitar o entendimento e a aplicação dos resultados demonstrados. Buscamos ensinar Matemática com profundidade, apresentando conceitos e suas relações, fortalecendo o sentimento de satisfação em aprender Matemática e evidenciando a importância desses conceitos (dos mais simples aos mais avançados) na formação de um bom professor de Matemática. Neste primeiro volume, *Fundamentos de Matemática*, abordamos alguns conceitos da Lógica Matemática, da teoria de conjuntos, relações e funções.

Prof. Dr. Jhone Caldeira Silva

Prof. Dr. Olimpio Ribeiro Gomes

AGRADECIMENTOS

Agradecemos a todos os nossos alunos, professores e demais profissionais, amigos e familiares que nos incentivaram e acreditaram na proposta deste projeto que visa alcançar aqueles que se dedicam à licenciatura em Matemática.

De modo muito especial, agradecemos aos amigos de profissão que, generosamente, revisaram e ofereceram valiosas contribuições para a melhoria dos textos originais: Matheus Dantas e Lima, mestre pela Universidade Federal de Goiás (UFG) (Capítulos 1 e 2 e resoluções de alguns exercícios), Prof.ª Dr.ª Rosângela Maria da Silva, da UFG (Capítulo 3 e pela revisão geral para a reimpressão) e Prof. Dr. Ricardo Ruviaro, da Universidade de Brasília (UnB) (Capítulo 4).

Expressamos também, lisonjeados, nosso profundo agradecimento à Prof.ª M.ª Sandra Aparecida de Oliveira Baccarin, que nos honrou com o Prefácio deste volume.

PREFÁCIO

Recebi o convite para escrever este prefácio com muita alegria. Pensei muito no que escrever sobre esses autores com os quais tive oportunidade de trabalhar durante vários anos, em duas universidades em Brasília e em Goiás. Os dois sempre foram professores muito respeitados pelos alunos, devido a vários aspectos: pelo grande conhecimento matemático, pela didática apresentada em sala de aula e, finalmente, pelo bom relacionamento que mantinham com os alunos.

Dessa forma, não posso deixar de ressaltar as inúmeras emoções e reflexões que me ligam a este trabalho, pois tenho a certeza de que esses profissionais conhecem realmente os fundamentos teóricos da Matemática, bem como as metodologias de ensino, recursos e estratégias de mediação da aprendizagem da disciplina.

Durante o tempo em que trabalhei com eles, tive a oportunidade de acompanhá-los em várias discussões sobre as tendências em Educação Matemática, como: resolução de problemas, História da Matemática, modelagem, investigações em sala de aula, novas tecnologias, princípios de avaliação formativa e demais temas relacionados.

Sendo assim, alegra-me que profissionais como eles possam escrever livros sobre Estruturas Algébricas em Cursos de Licenciatura, um tema de difícil entendimento pelos alunos, mas que se faz imprescindível para um futuro professor de Matemática, pois esta carrega em si toda a responsabilidade de apresentar definições de conceitos e, ao mesmo tempo, apresentar exemplos relevantes.

Este projeto – *Estruturas Algébricas para Licenciatura* – não tem seu ponto de partida com este livro. Os autores já vivenciaram a experiência com outra obra – *Introdução à Teoria dos Números* – nesse contexto. Agora, reformulando o projeto dividido em três volumes, nos apresentam o primeiro volume: *Fundamentos de Matemática*. Como os próprios escreveram no Prefácio de seu primeiro livro, "é um projeto que surgiu como fruto da inquietação dos autores como professores de disciplinas cujos conteúdos eram as estruturas algébricas básicas dentro dos currículos de cursos de Licenciatura em Matemática no Distrito Federal e em Goiás. No que se refere à aprendizagem de tais estruturas, aparecem as seguintes perguntas: 'Por que mesmo os conteúdos mais simples são passíveis de tantas dificuldades de entendimento?', 'Por que não são raros os momentos de dificuldades com os conteúdos e os exercícios?'". Hoje, mais experientes e com novas vivências de ensino, nos apresentam novas publicações.

Aqui os autores abordam inicialmente os elementos da Lógica Matemática, com seus conceitos primitivos e o de proposição; em seguida, introduzem os alunos nesse universo com uma boa fundamentação até chegar à validação de argumentos e tipos de demonstração. Para isso, reservam dois preciosos capítulos.

A terceira parte do livro é dedicada à linguagem dos conjuntos, passando pelas operações, propriedades, relações e gráficos e chegando à importante teoria das relações de equivalência e de ordem. A quarta parte se destina às funções, abordando domínio, contradomínio, imagem, gráficos, testes de retas verticais e horizontais, igualdade de funções, composição de funções e inversas de funções. Ao final de cada parte do livro, podemos encontrar exercícios propostos, e a publicação também conta com a resolução de alguns desses exercícios.

O que nos chama a atenção neste trabalho é o cuidado que os autores tiveram em utilizar uma linguagem acessível para os alunos de graduação.

Prof.ª M.ª Sandra Aparecida de Oliveira Baccarin

CONTEÚDO

CAPÍTULO 1
ELEMENTOS DE LÓGICA MATEMÁTICA – PARTE I

Neste e no próximo capítulo, nossa intenção é apresentar as regras que regem o pensamento na construção do grande edifício que é a Matemática. Ao longo deste livro adotaremos uma postura de justificar as afirmações que fizermos, sempre usando tais regras como norteadoras do pensamento. Entretanto, em certos pontos de nossas considerações, faremos uma abordagem um tanto informal, usando deliberadamente conceitos não apresentados por nós ou ainda aqueles que serão definidos posteriormente no livro, isso com vistas a dar suporte à construção de exemplos.

1.1 PROPOSIÇÃO, PRINCÍPIOS DA LÓGICA MATEMÁTICA E CONECTIVOS LÓGICOS

CONCEITOS PRIMITIVOS E O CONCEITO DE PROPOSIÇÃO

Naturalmente, a Matemática, como qualquer ciência ou atividade humana, usa a linguagem corrente para exprimir suas verdades. Entretanto, a linguagem usada no dia a dia contém imprecisões que dificultam ou até impossibilitam a expressão das verdades matemáticas. Por exemplo, a afirmação de que "peixe cru é um prato delicioso" pode imediatamente gerar controvérsias, e a razão disso é que o conceito de "prato delicioso" não é precisamente definido. Já a afirmação de que "7 é um número primo" não padece do mesmo problema, já que o conceito de número primo é, dentro de certos limites, precisamente definido.

Esses exemplos mostram a importância de se definir com precisão os conceitos com os quais se fazem afirmações, sob pena de estas não serem merecedoras de crédito. Mas há certos limites, impostos pela própria linguagem, para se conseguir isso. Ora, um número natural é dito um número primo se satisfaz a propriedade especial de possuir exatamente dois divisores positivos. Assim, o conceito de número primo pressupõe, entre outras coisas, o conceito de número. Mas o que é um número? Um número é... Bem, se conseguirmos definir o que é um número, tal definição terá de se apoiar sobre outro conceito, e tal conceito sobre outro; e quando é que isso vai parar? Esse processo certamente é finito. Logo, há conceitos que não poderão ser definidos a partir de outros conceitos e que terão de ser assimilados como *conceitos primitivos*, aceitos sem definição. Portanto, conceitos primitivos são todos aqueles aceitos sem definição, em que o significado somente é conhecido por meio da intuição decorrente da experiência e da observação.

No caso da Lógica Matemática, um dos conceitos principais, e que deve ser entendido com clareza, é o de *proposição*. Admitiremos tal conceito como primitivo, mas daremos algumas explicações para tentar delimitar o conceito e evitar confusões.

Começamos informando que *frase* é todo enunciado de sentido completo, podendo ser formada por uma só palavra ou por várias e contendo verbos ou não. Exprime ideias, emoções, ordens, apelos, opiniões etc., e se define pelo seu propósito comunicativo, ou seja, pela sua capacidade de transmitir um conteúdo satisfatório para a situação em que é utilizada.*

Na língua falada, a frase é caracterizada pela entoação, que indica nitidamente seu início e seu fim e contribui para que o ouvinte compreenda quando a frase indica constatação, dúvida, surpresa, indignação, decepção... Na língua escrita, a entoação é representada pelos sinais de pontuação. Estes procuram sugerir a melodia frasal e complementar a mensagem com informações que, na língua falada, são trazidas por gestos, expressões do rosto, do olhar, além da situação em que o falante se encontra. Ou seja, na língua escrita, os sinais de pontuação agem como *definidores do sentido das frases*.*

Veremos a seguir alguns tipos de frases cuja entoação é mais ou menos previsível, de acordo com o sentido que transmitem:

- *Frases interrogativas*: ocorrem quando uma pergunta é feita pelo emissor da mensagem e são empregadas quando se deseja obter alguma informação.
- *Frases imperativas*: ocorrem quando o emissor da mensagem dá uma ordem, um conselho ou faz um pedido, utilizando o verbo no modo imperativo.
- *Frases exclamativas*: o emissor exterioriza um estado afetivo, expressa uma admiração.
- *Frases optativas*: são usadas para exprimir um desejo.
- *Frases declarativas*: ocorrem quando o emissor constata um fato. Esse tipo de frase informa ou declara alguma coisa.*

As frases podem ser também classificadas, de acordo com sua construção, como verbais ou nominais, conforme seja, ou não, construídas com verbos.*

---

* Textos baseados em informações extraídas do portal Só Português. Disponível em: <www.soportugues.com.br/secoes/sint/sint1.php>. Acesso em: 06 jul. 2017.

No conjunto de todas as frases, as proposições encontram-se entre aquelas classificadas como *declarativas e verbais*. Assim, entendemos como proposição *todo conjunto de palavras ou símbolos que exprimam um pensamento de sentido completo e para o qual seja possível atribuir um valor lógico*, como discorreremos a seguir. As proposições transmitem pensamentos, isto é, afirmam fatos ou exprimem juízos que formamos a respeito de determinados entes. Assim, as sentenças:

- O Sol é amarelo.
- O Rio de Janeiro é a capital do Brasil.
- 2 é um número par.
- $\sqrt{9} = 3$

são exemplos de proposições. Já as sentenças:

- Nossa, que dia quente!
- Ah, que lindo!
- Podemos nos ver hoje?

não são proposições.

VALOR LÓGICO, PRINCÍPIOS DA LÓGICA MATEMÁTICA E CONECTIVOS LÓGICOS

Naturalmente, uma proposição pode não ser verdadeira. Por exemplo, "o Rio de Janeiro é a capital do Brasil" é uma proposição falsa desde que Brasília foi inaugurada, em 1960. Chamamos de *valor lógico* de uma proposição ao juízo que fazemos dela. Assim, dizemos que o valor lógico da proposição

"2 é o único número primo que é par"

é a *Verdade*, V, ou que a proposição é verdadeira; enquanto que o valor lógico da proposição

"Todo número ímpar é múltiplo de 3"

é a *Falsidade*, F, ou seja, dizemos que a proposição é falsa.

Os enunciados a seguir são princípios que determinam os valores lógicos possíveis para as proposições de que trata a Lógica Matemática. Antes de lê-los, porém, incentivamos o leitor a pensar em um valor lógico para a afirmação autorreferente "esta afirmação é falsa".

- ***Princípio da Não Contradição:*** uma proposição não pode ser simultaneamente verdadeira e falsa.
- ***Princípio do Terceiro Excluído:*** os únicos valores lógicos possíveis para uma proposição são a Verdade e a Falsidade.

Esses dois princípios delimitam o campo de atuação da Lógica Matemática. O primeiro é o princípio que nos permite, como veremos ao longo deste livro, fazer demonstrações por contradição. Em função do segundo princípio, dizemos que a Lógica Matemática é uma lógica bivalente, pois esse princípio determina que qualquer proposição deve ser verdadeira ou falsa, não havendo outra possibilidade. Mas há outro princípio que orienta nosso pensamento. Antes de enunciá-lo, consideremos as seguintes proposições:

p: O número $2^{2^5}+1$ é primo.

q: Todo número par é múltiplo de 2.

r: Todo número ímpar é múltiplo de 3.

s: O número 49 é o quadrado do número 7.

t: O número 49 é um número ímpar.

Antes de tudo, uma palavrinha sobre a notação: as letras p, q e r antes de cada proposição serão usadas para referência futura, para não precisarmos escrever a proposição toda vez que quisermos nos referir a ela. Bem, observemos o valor lógico de cada uma das proposições:

- a proposição p é falsa, o que é indicado assim: $v(p) = F$;
- com a mesma simbologia, temos $v(q) = V$, $v(r) = F$, $v(s) = V$ e $v(t) = V$.

Essas proposições são chamadas de *proposições simples*, no sentido de que cada uma delas versa sobre apenas um conceito e faz apenas uma afirmação. Em contraste, as sentenças a seguir, por apresentarem mais de uma afirmação, são *compostas*:

P: **Não é verdade** que o número $2^{2^5}+1$ é primo.

Q: Todo número par é múltiplo de 2 **e** todo número ímpar é múltiplo de 3.

R: O número 49 é o quadrado do número 7 **ou** o número 49 é um número ímpar.

S: **Se** o número a não é primo, **então** o número a é múltiplo de 2.

T: O número $2^a - 1$ é primo **se, e somente se,** o número a é primo.

U: **Ou** o número a é par, **ou** o número a é ímpar.

Observemos as palavras em negrito: são expressões usadas para conectar as proposições simples constituintes de cada proposição composta. Por isso, são chamadas de *conectivos*. Os conectivos que apresentamos nos exemplos são os mais comuns na linguagem corrente. São conhecidos, respectivamente, por *negação*, *conjunção*, *disjunção*, *condicional*, *bicondicional* e *disjunção exclusiva*. Para facilitar a escrita, é comum indicá-los, respectivamente, pelos símbolos $\sim$, $\wedge$, $\vee$, $\rightarrow$, $\leftrightarrow$ e $\underline{\vee}$, como vemos a seguir.

P: $\sim p$ (lê-se: não p) (*negação*)

Q: $q \wedge r$ (lê-se: q e r) (*conjunção*)

R: $s \vee t$ (lê-se: s ou t) (*disjunção*)

S: $u \rightarrow v$ (lê-se: se u, então v) (*condicional*)

T: $w \leftrightarrow x$ (lê-se: w se, e somente se, x) (*bicondicional*)

U: $y \underline{\vee} z$ (lê-se: ou y, ou z) (*disjunção exclusiva*)

Em que:

p, q, r, s, t: definidas como anteriormente;

u: o número a não é primo;

v: o número a é múltiplo de 2;

w: o número $2^a - 1$ é primo;

x: o número a é primo;

y: o número a é par;

z: o número a é ímpar.

Agora, o que dizer sobre o valor lógico das proposições P, Q, R? Segundo os princípios mencionados anteriormente, cada uma delas tem de ser verdadeira ou falsa, mas não ambos. Observando os valores lógicos das proposições simples que compõem P, Q e R, nossa experiência diária (talvez mediante alguns cálculos) nos leva ao seguinte: $v(P) = V$, $v(Q) = F$ e $v(R) = V$. Essa conclusão, talvez não tenhamos percebido, é válida se admitirmos o seguinte princípio:

- ***Princípio do Valor Lógico***: o valor lógico de qualquer proposição composta depende unicamente dos valores lógicos das suas proposições simples constituintes, ficando por eles univocamente determinados.

Ao longo da leitura da próxima seção, o leitor poderá se certificar mais uma vez dos valores lógicos obtidos para as proposições P, Q e R, assim como refletir a respeito dos valores lógicos das sentenças compostas S, T e U.

1.2 TABELAS-VERDADE

De posse do Princípio do Valor Lógico, questionamo-nos sobre qual seria o valor lógico de cada uma das proposições compostas P, Q e R dos exemplos da seção anterior caso os valores lógicos das proposições simples constituintes fossem outros. Para conhecer a resposta, utilizamos o que chamamos de *tabela-verdade*. Trata-se de uma tabela onde são apresentados todos os valores lógicos possíveis a uma proposição composta, tendo em vista os valores das proposições simples que a compõem. A discussão a seguir, além de definir precisamente o significado dos conectivos lógicos mencionados anteriormente, será a base para determinar o valor lógico de qualquer proposição composta a partir das proposições simples presentes nela.

- ***Negação:*** chamamos de *negação* da proposição p a proposição representada por "$\sim p$" (lê-se: não p), cujo valor lógico será a Verdade quando p for falsa e a Falsidade quando p for verdadeira.

  Dizemos que p e $\sim p$ têm valores lógicos opostos. A tabela-verdade a seguir resume o que foi dito.

p	$\sim p$
V	F
F	V

Exemplo 1.2.1

(a) Sejam p e q as proposições definidas por:

p: o número natural 15 é primo;

q: o número 100 tem raiz quadrada natural.

Nesse caso, escrevemos $v(p) = \text{F}$, $v(\sim p) = \text{V}$, $v(q) = \text{V}$ e $v(\sim q) = \text{F}$.

(b) Sejam r, s e t as proposições definidas por:

r: o número inteiro 8 é positivo ($8 > 0$);

s: 15 é igual a 72 ($15 = 72$);

t: o conjunto dos números naturais é um subconjunto do conjunto dos números inteiros ($\mathbb{N} \subset \mathbb{Z}$).

As negações dessas proposições podem ser escritas da seguinte forma:

$\sim r$: o número inteiro 8 não é positivo ($8 \leq 0$);

$\sim s$: 15 não é igual a 72 ($15 \neq 72$);

$\sim t$: o conjunto dos números naturais não é um subconjunto do conjunto dos números inteiros ($\mathbb{N} \not\subset \mathbb{Z}$).

Note que $v(r) = V$, $v(\sim r) = F$, $v(s) = F$, $v(\sim s) = V$, $v(t) = V$ e $v(\sim t) = F$.

- ***Conjunção:*** chamamos de *conjunção* das proposições p e q a proposição representada por "$p \wedge q$" (lê-se: p e q) cujo valor lógico será a Verdade quando as proposições p e q forem ambas verdadeiras e a Falsidade nos demais casos.

  Ou seja, o valor lógico da conjunção $p \wedge q$ será a Falsidade quando pelo menos uma das proposições for falsa. A tabela-verdade a seguir descreve a definição.

p	q	$p \wedge q$
V	V	V
V	F	F
F	V	F
F	F	F

Exemplo 1.2.2

Sejam p, q e r as proposições definidas por:

p: o número inteiro -17 é ímpar;

q: o Rio de Janeiro é a capital do Brasil;

r: todo número natural é um número inteiro.

Nesse caso, temos $v(p \wedge q) = F$, $v(p \wedge r) = V$ e $v(q \wedge r) = F$.

As conjunções $p \wedge q$, $p \wedge r$ e $q \wedge r$ se expressam por:

$p \wedge q$: o número inteiro -17 é ímpar e o Rio de Janeiro é a capital do Brasil;

$p \wedge r$: o número inteiro -17 é ímpar e todo número natural é um número inteiro;

$q \wedge r$: o Rio de Janeiro é a capital do Brasil e todo número natural é um número inteiro.

- ***Disjunção:*** chamamos de *disjunção* das proposições p e q a proposição representada por "$p \vee q$" (lê-se: p ou q) cujo valor lógico só será a Falsidade quando p e q forem ambas falsas.

  Ou seja, o valor lógico da disjunção $p \vee q$ será a Verdade quando pelo menos uma das proposições for verdadeira. Apresentamos a tabela-verdade da disjunção:

p	q	$p \vee q$
V	V	V
V	F	V
F	V	V
F	F	F

Exemplo 1.2.3

Sejam p, q e r as proposições do Exemplo 1.2.2. No caso da disjunção, temos $v(p \vee q) = v(p \vee r) = v(q \vee r) = \text{V}$.

Considerando:

s: todo número inteiro é um número natural,

temos $v(q \vee s) = \text{F}$.

Em particular, as disjunções $p \vee q$, $q \vee r$ e $r \vee s$ se expressam por:

$p \vee q$: o número inteiro −17 é ímpar ou o Rio de Janeiro é a capital do Brasil;

$q \vee r$: o Rio de Janeiro é a capital do Brasil ou todo número natural é um número inteiro;

$r \vee s$: todo número natural é um número inteiro ou todo número inteiro é um número natural.

Agora é o momento oportuno para que o leitor se certifique de que, para as proposições definidas na Seção 1.1, de fato ocorre: $v(P) = \text{V}$, $v(Q) = \text{F}$ e $v(R) = \text{V}$.

- ***Condicional:*** chamamos de *proposição condicional* ou apenas *condicional* das proposições p e q a proposição representada por "$p \rightarrow q$" (lê-se: se p, então q) cujo valor lógico só será a Falsidade quando p for verdadeira e q for falsa. Em todos os outros casos, a condicional será verdadeira.

Veja sua tabela-verdade:

p	q	$p \to q$
V	V	V
V	F	F
F	V	V
F	F	V

Na proposição condicional $p \to q$, as proposições p e q são chamadas, respectivamente, *precedente* e *consequente*. Usando essa terminologia, podemos dizer que a condicional $p \to q$ será falsa somente quando seu precedente for verdadeiro e seu consequente, falso. Também é comum dizer que, na condicional $p \to q$:

p é condição suficiente para q

e

q é condição necessária para p.

- ***Bicondicional:*** chamamos de *proposição bicondicional* ou apenas *bicondicional* das proposições p e q a proposição representada por "$p \leftrightarrow q$" (lê-se: p se, e somente se, q) cujo valor lógico é definido como na tabela-verdade a seguir:

p	q	$p \leftrightarrow q$
V	V	V
V	F	F
F	V	F
F	F	V

Note que a bicondicional é definida como verdadeira quando p e q são ambas verdadeiras ou quando ambas são falsas, ou seja, quando p e q tiverem o mesmo valor lógico.

Podemos ainda ler a proposição $p \leftrightarrow q$ das seguintes maneiras:

p é condição necessária e suficiente para q;

e

q é condição necessária e suficiente para p.

- ***Disjunção exclusiva:*** chamamos de *disjunção exclusiva* das proposições p e q a proposição representada por "$p \veebar q$" (lê-se: ou p, ou q) cujo valor lógico só será a Falsidade quando p e q tiverem o mesmo valor lógico.

  A tabela-verdade a seguir descreve a definição da disjunção exclusiva:

p	q	$p \veebar q$
V	V	F
V	F	V
F	V	V
F	F	F

Exemplo 1.2.4

Consideremos novamente as proposições:

p: o número inteiro –17 é ímpar;

q: o Rio de Janeiro é a capital do Brasil;

r: todo número natural é um número inteiro;

s: todo número inteiro é um número natural.

Utilizando as tabelas-verdade definidas, temos:

$v(p \rightarrow q) = F$, $v(p \rightarrow r) = V$, $v(q \rightarrow r) = V$ e $v(q \rightarrow s) = V$;

$v(p \leftrightarrow q) = F$, $v(p \leftrightarrow r) = V$, $v(q \leftrightarrow r) = F$ e $v(q \leftrightarrow s) = V$;

$v(p \veebar q) = V$, $v(p \veebar r) = F$, $v(q \veebar r) = V$ e $v(q \veebar s) = F$.

Expressemos, em palavras, alguns casos particulares:

- A condicional de p e q ($p \rightarrow q$): se o número inteiro –17 é ímpar, então o Rio de Janeiro é a capital do Brasil.
- A condicional de q e s ($q \rightarrow s$): se o Rio de Janeiro é a capital do Brasil, então todo número inteiro é um número natural.

- A bicondicional de p e r ($p \leftrightarrow r$): o número inteiro -17 é ímpar se, e somente se, todo número natural é um número inteiro.
- A bicondicional de q e s ($q \leftrightarrow s$): o Rio de Janeiro é a capital do Brasil se, e somente se, todo número inteiro é um número natural.
- A disjunção exclusiva de p e q ($p \veebar q$): ou o número inteiro -17 é ímpar, ou o Rio de Janeiro é a capital do Brasil.
- A disjunção exclusiva de r e s ($r \veebar s$): ou todo número natural é um número inteiro, ou todo número inteiro é um número natural.

Alguns comentários sobre as definições dos conectivos apresentadas são de fundamental importância para o bom entendimento do assunto:

(i) Há uma diferença fundamental entre a disjunção e a disjunção exclusiva. Observe:

a) O professor diz à turma: "levante a mão quem tem micro-ondas ou computador em casa". Naturalmente, esperamos que ergam a mão aquelas pessoas que possuem um desses objetos, mas também aquelas que possuem os dois.

b) O pai diz ao filho: "você escolhe: vamos ao parque ou tomamos sorvete". Aqui está implícito que o garoto não poderá escolher as duas coisas.

Assim, na linguagem corrente, o conectivo ***ou*** pode assumir diferentes significados. Como já dissemos, essa imprecisão da linguagem falada no dia a dia não pode ser aceita na Lógica Matemática. Daí a necessidade da diferenciação entre a disjunção e a disjunção exclusiva.

(ii) O fato de uma condicional $p \to q$ ser verdadeira não quer dizer que a proposição q (o consequente) possa ser deduzida da proposição p (o antecedente). Assim, a proposição

Brasília é a capital do Brasil $\to$ 36 é um quadrado perfeito

é verdadeira, embora não seja possível deduzir que 36 seja um quadrado perfeito do fato de Brasília ser a capital de nosso país. A veracidade de uma condicional é apenas uma expressão da relação entre os valores lógicos do antecedente e do consequente. A possibilidade de dedução de uma dada proposição a partir de outras ocorre com os *argumentos*, como veremos mais adiante.

(iii) Gostaríamos de chamar a atenção para as diferentes formas em que uma proposição condicional pode ser expressa na linguagem corrente. Representando por p a proposição "Marcos gosta de animais" e por q a proposição "Marcos adora cachorros", temos que a proposição $p \rightarrow q$ pode ser expressa das seguintes maneiras:

- Se Marcos gosta de animais, então Marcos adora cachorros.
- Como Marcos gosta de animais, Marcos adora cachorros.
- Desde que Marcos goste de animais, Marcos adora cachorros.
- Marcos adora cachorros, pois Marcos gosta de animais.

Dada a imensa riqueza da língua portuguesa, outras construções ainda poderiam ser utilizadas, como:

- Uma vez que Marcos goste de animais, Marcos adora cachorros.

Vejamos agora como construir a tabela-verdade de proposições compostas mais complexas. Isso é feito com o uso das tabelas-verdade que definem os conectivos.

- **Notação:** utilizaremos a notação $P(p,q,r,\ldots)$ para indicar que a proposição composta P é dada em razão das proposições simples p, q, r, ...

Exemplo 1.2.5

Vamos construir a tabela-verdade da proposição composta

$$A(p,q): (p \rightarrow q) \wedge (\sim p \rightarrow q).$$

Lembre-se de que a tabela-verdade deve apresentar todos os valores lógicos possíveis da proposição composta A tendo em vista os valores das proposições simples p e q que a compõem. Para isso, preenchemos as duas primeiras colunas da tabela-verdade alternando os valores V e F entre as proposições p e q para listar todas as possibilidades (acompanhe nossa descrição na tabela-verdade na próxima página). A terceira e a quarta coluna são dadas pelas tabelas dos conectivos *condicional* e *negação*, respectivamente (dados anteriormente). Compare a primeira e a quarta coluna para entender o porquê de aparecerem repetidos dois F's e dois V's. A quinta coluna também é obtida da tabela-verdade do conectivo *condicional*. Observemos, por exemplo, a segunda linha (na verdade, a terceira linha da tabela-verdade; é que costumamos contar apenas as linhas em que aparecem os valores lógicos), na qual o precedente ($\sim p$ na quarta coluna) é falso e o consequente (q na segunda coluna) também é falso, o que nos dá que a condicional $\sim p \rightarrow q$ é verdadeira. Finalmente, a sexta coluna é obtida da tabela-verdade do conectivo *conjunção* usando como referência a terceira e a quinta coluna.

p	q	$p \to q$	$\sim p$	$\sim p \to q$	$(p \to q) \wedge (\sim p \to q)$
V	V	V	F	V	**V**
V	F	F	F	V	**F**
F	V	V	V	V	**V**
F	F	V	V	F	**F**

Em verdade, as colunas realmente relevantes nessa tabela-verdade são a primeira, a segunda e a última, pois evidenciam a relação entre o valor lógico da proposição composta e o valor lógico das proposições simples. As outras colunas são apenas auxiliares e podem ser suprimidas caso o leitor consiga passar diretamente à última coluna.

- ***Observação* (ordem de precedência dos conectivos lógicos):** uma palavrinha sobre os parênteses que aparecem na proposição composta do exemplo anterior: utilizamos esses parênteses para evitar ambiguidades e para indicar a ordem em que queremos "calcular" os valores lógicos possíveis para a proposição A. Procedemos exatamente como nos foi ensinado nos anos iniciais para calcular o valor de uma expressão numérica:

$$(10+3)\cdot 5-6\cdot 3+20\div(10-6).$$

E como no caso das expressões numéricas, onde a ausência de parênteses indica que as multiplicações ou divisões são feitas primeiro, há também uma convenção para a ordem de precedência quando não aparecem parênteses nas proposições:

(1) $\sim$

(2) $\wedge$ e $\vee$

(3) $\to$

(4) $\leftrightarrow$

É por causa dessa convenção que, no exemplo anterior, vimos a proposição $\sim p \to q$ como uma condicional em que o precedente é $\sim p$, e não como uma negação da proposição $p \to q$, a qual deveria ser indicada assim: $\sim(p \to q)$.

Já dissemos antes, mas é conveniente repetir, que a tabela-verdade deve apresentar todos os valores lógicos possíveis da proposição composta tendo em vista os valores das proposições simples que a compõem. Para se conseguir isso, é suficiente preencher cada coluna que representa uma proposição simples alternadamente com os valores lógicos V e F de um em um, de dois em dois, de quatro em quatro, de oito em oito, e assim por diante, dependendo do número de proposições simples que aparecem. Observemos que o número de linhas da tabela-verdade de uma proposição composta sempre será uma potência de 2 com expoente igual ao número de proposições simples constituintes. Assim, em uma proposição composta de três proposições simples, teremos $2^3 = 8$ linhas. Isso é consequência do Princípio do Terceiro Excluído, que nos diz que a Lógica Matemática é bivalente. Vejamos mais alguns exemplos a seguir.

Exemplo 1.2.6

Vamos construir a tabela-verdade da proposição

$$B(p,q,r): (p \rightarrow r) \wedge (q \rightarrow r).$$

Observemos que teremos 8 linhas.

p	q	r	$p \rightarrow r$	$q \rightarrow r$	$(p \rightarrow r) \wedge (q \rightarrow r)$
V	V	V	V	V	**V**
V	V	F	F	F	**F**
V	F	V	V	V	**V**
V	F	F	F	V	**F**
F	V	V	V	V	**V**
F	V	F	V	F	**F**
F	F	V	V	V	**V**
F	F	F	V	V	**V**

Exemplo 1.2.7

Vamos construir a tabela-verdade da proposição

$$C(p): p \vee \sim p.$$

Teremos apenas duas linhas.

p	$\sim p$	$p \vee \sim p$
V	F	**V**
F	V	**V**

Exemplo 1.2.8

Vamos construir a tabela-verdade da proposição

$$D(p): \sim(p \wedge \sim p).$$

Também teremos apenas duas linhas.

p	$\sim p$	$p \wedge \sim p$	$\sim(p \wedge \sim p)$
V	F	F	**V**
F	V	F	**V**

Exemplo 1.2.9

Vamos construir a tabela-verdade da proposição $E(p,q): p \to q \leftrightarrow \sim p \vee q$. Observemos a ordem de precedência. Notemos que a tabela possui quatro linhas.

p	q	$p \to q$	$\sim p$	$\sim p \vee q$	$p \to q \leftrightarrow \sim p \vee q$
V	V	V	F	V	**V**
V	F	F	F	F	**V**
F	V	V	V	V	**V**
F	F	V	V	V	**V**

TAUTOLOGIA E CONTRADIÇÃO

Nestes últimos três exemplos, o valor lógico das proposições compostas sempre resultou em Verdade independentemente do valor lógico das proposições simples constituintes. Proposições compostas com essa característica são chamadas de *tautologias*. Naturalmente, pode também ocorrer de o valor lógico da proposição composta resultar sempre em Falsidade (veja o Exemplo 1.2.10); nesse caso, temos uma *contradição*. Proposições que não são tautologias nem contradições são ditas *contingentes*, como é o caso dos Exemplos 1.2.5 e 1.2.6.

Exemplo 1.2.10

Vamos construir a tabela-verdade da proposição

$$G(p): p \leftrightarrow \sim p.$$

Novamente teremos apenas duas linhas.

p	$\sim p$	$p \leftrightarrow \sim p$
V	F	**F**
F	V	**F**

O resultado dessa tabela-verdade (uma contradição) é bastante intuitivo: uma vez que as proposições p e $\sim p$ têm valores lógicos opostos, por definição, a bicondicional entre elas sempre resultará a Falsidade.

Para encerrarmos esta seção, uma curiosidade: observe novamente a proposição do Exemplo 1.2.7. Ela diz que a proposição p ou sua negação $\sim p$ é sempre verdadeira. Esse é exatamente o conteúdo do Princípio do Terceiro Excluído. E a proposição do Exemplo 1.2.8 diz que é sempre verdade que uma proposição não pode ser simultaneamente verdadeira e falsa. Esse é o Princípio da Não Contradição.

1.3 SENTENÇAS ABERTAS E QUANTIFICADORES

SENTENÇAS ABERTAS, CONJUNTO UNIVERSO E CONJUNTO VERDADE

Conhecendo as tabelas-verdade definidas na Seção 1.2 e utilizando o Princípio do Valor Lógico, fomos capazes de determinar o valor lógico de cada uma das proposições P, Q e R conhecidas na Seção 1.1. Entretanto, é importante que se entenda o seguinte: o Princípio do Valor Lógico nos impede de conhecer o valor lógico das sentenças S, T e U lá apresentadas, pois precisaríamos saber o valor lógico das proposições u, v, w, x, y e z, o que, por sua vez, só seria possível se soubéssemos a qual número a se referem. Afirmações com esta característica, em que o valor lógico depende de uma ou mais variáveis, são chamadas de *sentenças abertas* ou *funções proposicionais*. Veja:

- Para $a = 6$, a proposição S é verdadeira, mas para $a = 9$, é falsa.

  [Isso porque para $a = 6$: $v(u) = V$ e $v(v) = V$, em que $v(u \rightarrow v) = V$; enquanto que para $a = 9$: $v(u) = V$ e $v(v) = F$, em que $v(u \rightarrow v) = F$.]

- Para $a = 7$, temos $v(T) = V$, mas para $a = 11$, $v(T) = F$.

  [Isso porque para $a = 7$: $v(w) = V$ e $v(x) = V$, em que $v(w \leftrightarrow x) = V$; enquanto que para $a = 11$: $v(w) = F$ e $v(x) = V$, em que $v(w \leftrightarrow x) = F$.]

- Curiosamente, a proposição U é verdadeira qualquer que seja o número inteiro a.

Pela natureza dos conceitos que as sentenças P, Q, R, S, T e U envolvem (múltiplos, números primos, números pares e ímpares), fica implícito que o número a somente pode ser inteiro, não podendo ser racional ou complexo. Nesse caso, dizemos que o *conjunto universo* das sentenças abertas em questão é o conjunto dos números inteiros.

De modo geral, representaremos as sentenças abertas por $p(x, y, z, \dots)$, onde $x, y, z, \dots$ são suas variáveis. Para cada valor específico assumido pelas variáveis $x, y, z, \dots$, a sentença aberta torna-se uma proposição, agora passível de julgamento quanto à sua veracidade. Por exemplo:

- Sentença aberta (nas variáveis x e y): o número $x^2 + y^2$ é um quadrado perfeito.
- Proposição (verdadeira): o número $3^2 + 4^2$ é um quadrado perfeito.
- Proposição (falsa): o número $3^2 + 5^2$ é um quadrado perfeito.

Definição 1.3.1

(a) Dada uma sentença aberta $p(x, y, z, \dots)$, o conjunto onde as variáveis $x, y, z, \dots$ assumem valores é chamado de *conjunto universo* da sentença aberta.

(b) O conjunto de todos os valores assumidos pelas variáveis $x, y, z, \dots$ para os quais a sentença aberta torna-se uma proposição verdadeira é chamado de *conjunto verdade* da sentença aberta.

Normalmente o conjunto universo de uma sentença aberta fica implícito, sendo dado pelo contexto, ou pode mesmo se tratar de uma escolha conveniente.

Exemplo 1.3.2

Já vimos que o conjunto universo das sentenças abertas S, T e U é o conjunto dos números inteiros. Agora, o conjunto verdade da sentença S é o conjunto dos números pares à exceção do número 2, enquanto o conjunto verdade da sentença U é o conjunto de todos os números inteiros, ou seja, coincide com seu conjunto universo. Para se conhecer informações a respeito do conjunto verdade da sentença T, convidamos o leitor a pesquisar um pouco mais sobre os números conhecidos como *primos de Mersenne* (veja, por exemplo, [9]).

Exemplo 1.3.3

(a) A expressão $x^3 = x$ é uma sentença aberta, uma vez que seu valor lógico depende do valor atribuído a x. Podemos considerar qualquer número real como um possível valor para x, de modo que escolhemos como conjunto universo o conjunto $\mathbb{R}$. Agora, note que apenas os números reais $x_0 = 0$, $x_1 = 1$ e $x_2 = -1$ satisfazem a igualdade dada, de modo que o conjunto verdade da sentença aberta é $\{-1, 0, 1\}$.

(b) A expressão $\sqrt{x} \geq 2$ é uma sentença aberta, uma vez que seu valor lógico depende do valor atribuído a x. Note que, considerando os valores possíveis para x e observando para quais deles a expressão está definida, escolhemos o conjunto universo dessa sentença como aquele formado por todos os valores reais de x tais que $x \geq 0$, ou seja, é o conjunto $\{x \in \mathbb{R} \mid x \geq 0\}$. Agora, o conjunto verdade é formado por todos os reais não negativos x_0 tais que $\sqrt{x_0} \geq 2$, ou seja, é o conjunto $\{x \in \mathbb{R} \mid x \geq 4\}$.

(c) A expressão $x^2 + y^2 = 16$ é uma sentença aberta definida nas variáveis x e y. Uma vez que a expressão está definida para quaisquer $x, y \in \mathbb{R}$ (independentemente de os valores particulares levarem a proposições verdadeiras ou falsas), escolhemos como conjunto universo da sentença aquele em que x e y assumem todos os valores reais (conjuntos dessa natureza são chamados de *produtos cartesianos* e serão bem explorados no Capítulo 3). Agora, a igualdade só é verdadeira para aqueles números reais situados na circunferência centrada na origem do plano cartesiano cujo raio mede 4 (uma vez que $x^2 + y^2 = 16$ é a equação dessa circunferência). Assim, o conjunto verdade é formado por todos os pontos da circunferência.

QUANTIFICADORES

Pelo que vimos, de um modo geral, representamos as sentenças abertas por $p(x, y, z, \ldots)$, onde $x, y, z, \ldots$ são suas variáveis. No que segue, por questão de simplicidade de notação, trataremos uma sentença aberta na forma $p(x)$. Note que adaptações ao bom português seriam necessárias caso escrevêssemos as sentenças em mais de uma variável.

Segundo as discussões anteriores, dada uma sentença aberta $p(x)$ com conjunto universo Ω, atribuindo à variável x um valor específico x_0, obtemos uma proposição. Há outra forma de se obter proposições a partir de sentenças abertas, que é pelo uso dos *quantificadores*. Apresentamos dois quantificadores, o *universal* (introduzido pela expressão "*para todo*") e o *existencial* (introduzido pela expressão "*existe*").

- Por meio do *quantificador universal* transformamos a sentença aberta $p(x)$ na proposição "$p(x)$ é verdadeira para todo $x \in \Omega$". Essa proposição será verdadeira quando o conjunto verdade de $p(x)$ coincidir com o conjunto universo.
- Por meio do *quantificador existencial* transformamos a sentença aberta $p(x)$ na proposição "existe um elemento $x_0 \in \Omega$ tal que $p(x_0)$ é verdadeira", que será verdadeira quando o conjunto verdade de $p(x)$ possuir pelo menos um elemento.

A proposição "$p(x)$ é verdadeira para todo $x \in \Omega$" também pode ser expressa, em língua portuguesa, de outras formas:

- Para todo $x \in \Omega$, $p(x)$ é verdadeira.
- Para cada $x \in \Omega$, $p(x)$ é verdadeira.

- Para qualquer $x \in \Omega$, $p(x)$ é verdadeira.
- Qualquer que seja $x \in \Omega$, $p(x)$ é verdadeira.
- Quando $x \in \Omega$, $p(x)$ é verdadeira.
- Uma vez que $x \in \Omega$, $p(x)$ é verdadeira.
- Se $x \in \Omega$, então $p(x)$ é verdadeira.
- $p(x)$ é verdadeira sempre que $x \in \Omega$.

- **Notação:** simbolicamente, a proposição "$p(x)$ é verdadeira para todo $x \in \Omega$" é representada por:

$$\forall x \in \Omega,\ p(x) \tag{1}$$

e a proposição "existe um elemento $x_0 \in \Omega$ tal que $p(x_0)$ é verdadeira" é representada por:

$$\exists x_0 \in \Omega \mid p(x_0). \tag{2}$$

As notações simbólicas (1) e (2) são bastante sucintas. No caso de (1), poderíamos imaginar a palavra *temos* implícita após a vírgula e em ambas a expressão "é verdadeira" ao final. Veja como ficam bem compreensíveis quando consideramos os exemplos a seguir.

Exemplo 1.3.4

(a) Sentença aberta: $x^3 = x$

Proposição: $\forall x \in \mathbb{R},\ x^3 = x$

Proposição: $\exists x_0 \in \mathbb{R} \mid {x_0}^3 = x_0$

(b) Sentença aberta: $\sqrt{x} \geq 2$

Proposição: $\forall x \in \mathbb{R},\ \sqrt{x} \geq 2$

Proposição: $\exists x_0 \in \mathbb{R} \mid \sqrt{x_0} \geq 2$

(c) Sentença aberta: $x^2 + y^2 = 16$

Proposição: $\forall x, y \in \mathbb{R},\ x^2 + y^2 = 16$

Proposição: $\exists x_0, y_0 \in \mathbb{R} \mid {x_0}^2 + {y_0}^2 = 16$

- ***Observações***

(i) É importante observar a diferença de argumentação ao se determinar o valor lógico de uma proposição obtida a partir de uma sentença aberta:

- Quando a proposição é obtida da sentença aberta $p(x)$ atribuindo-se um valor específico x_0 à variável x, o valor lógico de $p(x_0)$ depende da escolha de x_0.
- Quando a proposição é obtida da sentença aberta $p(x)$ por meio do quantificador universal, ela será verdadeira caso seu conjunto universo coincida com seu conjunto verdade.
- Quando a proposição é obtida da sentença aberta $p(x)$ por meio do quantificador existencial, ela será verdadeira caso seu conjunto verdade contenha pelo menos um elemento, ou seja, caso exista pelos menos um elemento do conjunto universo que a torne verdadeira.

(ii) Quando o conjunto universo da sentença aberta $p(x)$ é finito, digamos $\Omega = \{x_1, x_2, x_3, \ldots, x_n\}$, a proposição:

$$\forall x \in \Omega,\ p(x)$$

será verdadeira quando for verdadeira a *conjunção* das n proposições $p(x_1), p(x_2), p(x_3), \ldots, p(x_n)$. Ou seja, é verdadeira a proposição:

$$\forall x \in \Omega,\ p(x)$$

quando

$$v\big((p(x_1) \wedge p(x_2) \wedge p(x_3) \wedge \cdots \wedge p(x_n)\big) = \mathrm{V}.$$

De modo semelhante, a proposição:

$$\exists x_0 \in \Omega \mid p(x_0)$$

será verdadeira quando for verdadeira a *disjunção* das proposições $p(x_1), p(x_2), p(x_3), \ldots, p(x_n)$, em que é verdadeira a proposição:

$$\exists x_0 \in \Omega \mid p(x_0)$$

quando

$$v\big(p(x_1) \vee p(x_2) \vee p(x_3) \vee \cdots \vee p(x_n)\big) = \mathrm{V}.$$

(iii) Quando o conjunto universo da sentença aberta $p(x)$ é infinito, o raciocínio expresso no item anterior também se aplica. Entretanto, para se verificar que a proposição:

$$\forall x \in \Omega,\ p(x)$$

é verdadeira, uma vez que não é possível testar a veracidade de $p(x_0)$ para cada $x_0 \in \Omega$, será necessário argumentar levando em consideração a natureza dos elementos do conjunto universo, observando quais propriedades são satisfeitas na expressão da sentença.

Agora, para que a proposição:

$$\exists x_0 \in \Omega \mid p(x_0)$$

seja verdadeira, bastará exibir um elemento do conjunto universo de p que satisfaça a afirmação nela encerrada.

(iv) Também é comum escrevermos:

$$\exists! x_0 \in \Omega \mid p(x_0),$$

que lemos como "existe um único elemento $x_0 \in \Omega$ tal que $p(x_0)$ é verdadeira", que será verdadeira quando o conjunto verdade de $p(x)$ possuir exatamente um elemento.

Exemplo 1.3.5

(a) Considere $\Omega = \{-2, -1, 1\}$. A proposição $\forall x \in \Omega$, $x^3 + 2x^2 - x - 2 = 0$ pode ser lida como: para todo $x \in \Omega$, temos $x^3 + 2x^2 - x - 2 = 0$.

Note que, para a sentença aberta $p(x)$ dada por $x^3 + 2x^2 - x - 2 = 0$, verificar se a proposição é verdadeira consiste em verificar que é verdadeira a conjunção das proposições $p(-2)$, $p(-1)$ e $p(1)$.

Uma vez que $v(p(-2)) = V$, $v(p(-1)) = V$ e $v(p(1)) = V$, segue que $v(p(-2) \wedge p(-1) \wedge p(1)) = V$ e, portanto, a proposição é verdadeira.

(b) Considere $\Omega = \{x \in \mathbb{Z} \mid -2 \leq x \leq 3\}$. A proposição $\exists x_0 \in \Omega \mid 5{x_0}^2 + 1 = 21$ pode ser lida como: existe $x_0 \in \Omega$ tal que $5{x_0}^2 + 1 = 21$.

Note que, para a sentença aberta $p(x)$ dada por $5x^2 + 1 = 21$, verificar se a proposição é verdadeira consiste em verificar que é verdadeira a disjunção das proposições $p(-2)$, $p(-1)$, $p(0)$, $p(1)$, $p(2)$ e $p(3)$.

Uma vez que $v(p(2)) = V$, segue que

$$v(p(-2) \vee p(-1) \vee p(0) \vee p(1) \vee p(2) \vee p(3)) = V$$

e, portanto, a proposição é verdadeira.

(c) A proposição $\forall x \in \mathbb{R},\ x-9>1$ pode ser lida como: para todo $x \in \mathbb{R}$, temos $x-9>1$.

Nesse caso, sendo o conjunto universo igual a $\mathbb{R}$, temos que a proposição é falsa, já que o conjunto verdade da sentença aberta correspondente é $\{x \in \mathbb{R} \mid x>10\}$.

(d) A proposição $\forall x \in \mathbb{Z},\ |x| \geq 0$ pode ser lida como: para todo $x \in \mathbb{Z}$, temos $|x| \geq 0$.

Essa proposição é verdadeira, pois para todo número inteiro a desigualdade dada é verdadeira, de modo que o conjunto verdade coincide com o conjunto universo.

(e) A proposição $\exists x_0 \in \mathbb{R} \mid \sqrt{x_0^{\,2}+9}=5$ pode ser lida como: existe $x_0 \in \mathbb{R}$ tal que $\sqrt{x_0^{\,2}+9}=5$.

Nesse caso, a proposição é verdadeira, uma vez que podemos escolher $x_0=4$ ou $x_0=-4$ em $\mathbb{R}$, satisfazendo a igualdade dada. Note ainda que, se escrevêssemos $\exists!\ x_0 \in \mathbb{R} \mid \sqrt{x_0^{\,2}+9}=5$, a proposição seria falsa.

(f) A proposição $\exists x_0 \in \mathbb{N} \mid x_0+1=0$, lida como "existe $x_0 \in \mathbb{N}$ tal que $x_0+1=0$", é claramente falsa, uma vez que a igualdade não é satisfeita para nenhum número natural, de modo que não há elemento natural em seu conjunto verdade.

Observamos que poderíamos negar o quantificador existencial, o que nesse caso seria escrever $\nexists x_0 \in \mathbb{N} \mid x_0+1=0$ (não existe $x_0 \in \mathbb{N}$ tal que $x_0+1=0$). Já nessa versão temos uma proposição verdadeira.

(g) A proposição $\forall x, y \in \mathbb{Z},\ x^y \in \mathbb{Z}$ pode ser lida como: para todos $x, y \in \mathbb{Z}$, temos $x^y \in \mathbb{Z}$. Sabendo, por exemplo, que $3^{-1}=\dfrac{1}{3}$ não é um número inteiro, vemos que a proposição é falsa, pois seu conjunto verdade não coincide com o conjunto universo.

EXERCÍCIOS PROPOSTOS

1. Determine quais das frases a seguir são proposições. Para essas, determine o seu valor lógico.

   a) Sete é diferente da raiz quadrada de sessenta e três ($7 \neq \sqrt{63}$).

   b) Quatro menos o produto de cinco por três ($4-5\cdot 3$).

   c) -3 é divisor de 22.

   d) 210 dividido por 70 é igual a 30 ($210 \div 70 = 30$).

   e) O quadrado de $\sqrt{3}$ é um número primo?

   f) O quádruplo de um número somado a 7 é igual a 43.

   g) 7 é um número inteiro ($7 \in \mathbb{Z}$).

   h) $4x+7=8$.

2. Determine o valor lógico de cada uma das proposições a seguir.
   a) $\sqrt{3} > 1$ e $-1 > -2$.
   b) $0,5 \leq \frac{1}{3}$ ou 2 é um número primo.
   c) $(-2)^8 = 2^8$ e $\sqrt{x^2} = x$.
   d) Ou 8 é divisor de 64, ou 9 é ímpar.
   e) Se 3 divide 7, então $\pi > 4$.
   f) Se 11 é par, então 2 é par.
   g) Rio de Janeiro é a capital do Brasil se, e somente se, Goiânia é a capital de Minas Gerais.
   h) $2 \cdot 5 = 10 \leftrightarrow \sqrt[3]{125} = 5 \rightarrow \frac{3}{7} > \frac{5}{8}$.

3. Considere as proposições:

   p: a equação $x^2 - 8x + 32 = 0$ possui solução real.

   q: o número $\pi + 7$ é irracional.

   Determine:
   a) $v(p)$
   b) $v(q)$
   c) $v(\sim p \leftrightarrow p \vee q \rightarrow q \wedge (\sim q \rightarrow p))$

4. Negue as frases a seguir.
   a) A loja está fechada.
   b) O funcionário está em greve.
   c) Fui mal na prova.
   d) Vou reprovar.
   e) O Brasil ganhará medalhas de ouro.
   f) O Brasil não ganhará medalhas de bronze.

5. Escreva a negação de cada uma das proposições a seguir. Determine o valor lógico de cada proposição e de cada negação.
   a) $p: -15 = \frac{-30}{2}$
   b) *q*: 3 é divisor de 28
   c) $r: 8 \cdot 5 + 30 \div 6 < 44$
   d) *s*: $x = 7$ satisfaz $5 \cdot x + 2 = 37$

6. Considerando as proposições do exercício anterior, escreva o que se pede em cada item a seguir e determine o valor lógico das proposições compostas obtidas.

a) A conjunção de p e q e a conjunção de p e s.

b) A disjunção de q e r e a disjunção de s e p.

c) A condicional de q e s e a condicional de q e p.

d) A bicondicional de p e r e a bicondicional de s e q.

e) A disjunção exclusiva de q e p e a disjunção exclusiva de r e s.

7. Escreva a tabela-verdade de cada uma das proposições compostas a seguir.

a) $p \leftrightarrow q \rightarrow p$

b) $(p \wedge \sim p) \rightarrow q \vee p$

c) $(p \vee \sim q) \leftrightarrow (\sim p \wedge q)$

d) $p \leftrightarrow q \vee (r \rightarrow \sim q)$

8. Mostre que:

a) se $v(p \rightarrow q) = \text{V}$ e $v(p) = \text{V}$, então $v(q) = \text{V}$.

b) se $v(p \rightarrow q) = \text{V}$ e $v(\sim q) = \text{V}$, então $v(\sim p) = \text{V}$.

9. Sabendo-se que $v(p)=\text{V}$ e $v(p \veebar q) = \text{V}$, determine $v(q)$.

10. Sabendo-se que $v(p \leftrightarrow q) = \text{F}$ e $v(p \rightarrow q) = \text{V}$, determine $v(q)$ e $v(p)$.

11. Sabendo-se que $v(p \leftrightarrow q) = \text{V}$ e $v(\sim p \rightarrow \sim q \vee p) = \text{V}$, determine $v(q)$ e $v(p)$.

12. Suponha que João tenha ido passear e você deva dizer por quais lugares João passou. Os lugares possíveis são:

p: João foi à padaria.

q: João foi à quitanda.

r: João foi ao restaurante.

s: João foi ao supermercado.

Sabendo-se que $v(\sim p \rightarrow q) = \text{V}$, $v(q \rightarrow r) = \text{V}$ e $v(\sim r \rightarrow s) = \text{F}$, descubra a quais dos lugares citados João foi verdadeiramente.

13. Elabore duas proposições simples, p e q, que possuam, cada uma, um valor lógico determinado (não necessariamente o mesmo valor lógico). Em seguida, determine o valor lógico da proposição:

$$P(p,q): \sim p \vee q \rightarrow \sim q \leftrightarrow p \wedge \sim q.$$

14. Consideremos as proposições:

p: π é irracional.

q: π não é dízima periódica.

r: 9 é quadrado perfeito.

Traduza para a linguagem corrente:

a) $\sim p \veebar q$

b) $q \wedge p \rightarrow r$

c) $\sim(p \vee q)$

15. Verifique se é possível decidir se Juliana dormiu tarde ou não, considerando verdadeiras as proposições a seguir.

P: Se Pedro viajou, então a casa ficou sozinha.

Q: A casa ficou sozinha ou Juliana não dormiu tarde.

R: Se Juliana dormiu tarde, então Pedro não viajou.

16. Ocorreu um crime na casa do milionário Josias. Pelas investigações do detetive, sabe-se que:

- se o cozinheiro é inocente, então a governanta é culpada.
- ou o mordomo é culpado, ou a governanta é culpada, mas não ambos.
- o mordomo não é inocente.

Logo, podemos concluir:

a) se o cozinheiro é inocente, então a governanta também é inocente.

b) a governanta e o mordomo são os culpados.

c) se a governanta é inocente, então o mordomo é inocente.

d) somente o cozinheiro é inocente.

e) o cozinheiro e o mordomo são os culpados.

f) ou a governanta é inocente, ou o cozinheiro é inocente, mas não ambos.

17. (Banco Central do Brasil-2006) Aldo, Benê e Caio receberam uma proposta para executar um projeto. A seguir são registradas as declarações dadas pelos três, após a conclusão do projeto.

- Aldo: Não é verdade que Benê e Caio executaram o projeto.
- Benê: Se Aldo não executou o projeto, então Caio o executou.
- Caio: Eu não executei o projeto, mas Aldo ou Benê o executaram.

Se somente a afirmação de Benê é falsa, então o projeto foi executado apenas por:

a) Aldo e Caio.

b) Aldo e Benê.

c) Caio.

d) Benê.

e) Aldo.

18. (Banco Central do Brasil–2006, adaptado) Julgue os itens a seguir. Sejam as proposições:

p: atuação compradora de dólares por parte do Banco Central;

q: fazer frente ao fluxo positivo.

Se p implica q, então:

a) a atuação compradora de dólares por parte do Banco Central não é condição suficiente nem necessária para fazer frente ao fluxo positivo.

b) a atuação compradora de dólares por parte do Banco Central é condição necessária para fazer frente ao fluxo positivo.

c) fazer frente ao fluxo positivo é condição suficiente para a atuação compradora de dólares por parte do Banco Central.

d) a atuação compradora de dólares por parte do Banco Central é condição suficiente para fazer frente ao fluxo positivo.

e) fazer frente ao fluxo positivo é condição necessária para a atuação compradora de dólares por parte do Banco Central.

19. (OBM–2000, adaptado) Quatro amigos vão visitar um museu e um deles resolve entrar sem pagar. Aparece um fiscal que quer saber qual deles entrou sem pagar.

– Não fui eu, diz o Benjamim.

– Foi o Pedro, diz o Carlos.

– Foi o Carlos, diz o Mário.

– O Mário não tem razão, diz o Pedro.

Só um deles mentiu e só um deles entrou sem pagar. Quem mentiu e quem não pagou a entrada do museu?

20. (TRE/ES–2010, adaptado) Entende-se por proposição todo conjunto de palavras ou símbolos que exprimem um pensamento de sentido completo, isto é, que afirmam fatos ou exprimam juízos a respeito de determinados entes. Na lógica bivalente, esse juízo, que é conhecido como valor lógico da proposição, pode ser verdadeiro (V) ou falso (F), sendo objeto de estudo desse ramo da lógica apenas as proposições que atendam ao Princípio da Não Contradição, em que uma proposição não pode ser simultaneamente verdadeira e falsa; e ao Princípio do Terceiro Excluído, em que os únicos valores lógicos possíveis para uma proposição são verdadeiro e falso. Com base nessas informações, julgue os itens a seguir.

a) Segundo os Princípios da Não Contradição e do Terceiro Excluído, a uma proposição pode ser atribuído um e somente um valor lógico.

b) A frase "Que dia maravilhoso!" consiste em uma proposição objeto de estudo da lógica bivalente.

c) A proposição "Dilma Rousseff é a primeira mulher a se tornar presidenta de um país na América Latina" é falsa.

21. (TRE/ES–2010, adaptado) Considere que P e Q sejam duas proposições que podem compor novas proposições por meio dos conectivos lógicos $\sim$, $\wedge$, $\vee$ e $\rightarrow$, os quais significam "não", "e", "ou" e "se, então", respectivamente. Considere, ainda, que a negação de P, $\sim P$ (lê-se: não P) será verdadeira quando P for falsa, e será falsa quando P for verdadeira; a conjunção de P e Q, $P \wedge Q$ (lê-se: P e Q) somente será verdadeira quando ambas, P e Q, forem verdadeiras; a disjunção de P e Q, $P \vee Q$ (lê-se: P ou Q) somente será falsa quando P e Q forem falsas; e a condicional de P e Q, $P \rightarrow Q$ (lê-se: se P, então Q) somente será falsa quando P for verdadeira e Q falsa. Considere, por fim, que a tabela-verdade de uma proposição expresse todos os valores lógicos possíveis para tal proposição, em função dos valores lógicos das proposições que a compõem. Com base nesse conjunto de informações, julgue os itens seguintes.

a) Caso sejam verdadeiras as proposições P e Q, a proposição $(\sim P \wedge Q) \vee (\sim Q \wedge P)$ será verdadeira.

b) A proposição "Esta prova não está difícil ou eu estudei bastante" pode ser corretamente representada por $\sim P \vee Q$.

c) Se P e Q representam as proposições "Eu estudo bastante" e "Eu serei aprovado", respectivamente, então, a proposição $P \rightarrow Q$ representa a afirmação "Se eu estudar bastante, então serei aprovado".

d) As proposições $\sim[(P \rightarrow Q) \wedge (Q \rightarrow P)]$ e $(\sim P \wedge Q) \vee (\sim Q \wedge P)$ possuem tabelas-verdade distintas.

e) A proposição $\sim(\sim P \wedge P)$ é verdadeira, independentemente do valor lógico da proposição P.

22. (Sebrae Trainee-2011) Considere a seguinte sentença, adaptada do item 1.7.1 do Comunicado nº 1 de abertura do Processo Seletivo de Trainee nº 1/2011 do Sebrae: "Após o término do Programa de Trainee, se o candidato selecionado obtiver bom desempenho nas avaliações do Programa de Formação e Desenvolvimento, se ele se adequar ao perfil estabelecido no programa e se houver disponibilidade de vagas no quadro efetivo de empregados, então o candidato selecionado será contratado por tempo indeterminado".

Considerando que JS seja um dos candidatos selecionados a que se refere a sentença acima, julgue os itens a seguir.

a) A negação da proposição "Para todo candidato selecionado, se houver disponibilidade de vagas no quadro efetivo de empregados, então o candidato selecionado será contratado por tempo indeterminado" estará corretamente enunciada da seguinte forma: "Para todo candidato selecionado, se não houver disponibilidade de vagas no quadro efetivo de empregados, então o candidato selecionado não será contratado por tempo indeterminado".

b) A substituição, nas duas ocorrências, na sentença acima, da expressão "o candidato selecionado" por JS faz que a sentença, que é uma sentença aberta, seja transformada em uma proposição.

c) Se o conjunto verdade da sentença aberta coincidir com seu conjunto universo, então todo candidato selecionado será contratado por tempo indeterminado.

d) Suponha que JS seja um elemento do conjunto verdade da sentença aberta, que ele tenha obtido bom desempenho nas avaliações do Programa de Formação e Desenvolvimento, que ele se adapte ao perfil estabelecido no programa e que haja disponibilidade de vagas no quadro efetivo de empregados. Nesse caso, é correto afirmar que JS será contratado por tempo indeterminado.

23. Transforme as sentenças abertas a seguir em proposições verdadeiras utilizando quantificadores. Escolha convenientemente um conjunto universo e determine o conjunto verdade para cada uma das sentenças.

a) $2x^2 - 7x + 3 = 0$

b) $(-x)^n = -x^n$

c) $\sqrt{y^2} = -y$

d) $4y - 1 \geq 3$

e) $(x-1)^3 = x - 1$

f) $x^2 + y^2 = 100$

g) $\dfrac{y^2 - 4}{y - 2} = y + 2$

h) $x + 2 \neq \sqrt{(x+2)^2}$

CAPÍTULO 2
ELEMENTOS DE LÓGICA MATEMÁTICA – PARTE II

Neste capítulo continuamos o desenvolvimento das regras que regem o pensamento na construção do grande edifício que é a Matemática, iniciado no capítulo anterior. Iniciaremos com o importante conceito de *equivalência de proposições*, discutiremos a negação de proposições e a validação de argumentos e apresentaremos algumas técnicas de demonstração.

2.1 EQUIVALÊNCIA LÓGICA

PROPOSIÇÕES EQUIVALENTES

Neste momento, voltemos nossa atenção ao importante conceito de *equivalência lógica*, o que nos permitirá expressar de formas diferentes uma mesma proposição.

Definição 2.1.1

Dizemos que duas proposições $P(p, q, r, \ldots)$ e $Q(p, q, r, \ldots)$ são *logicamente equivalentes* (indicamos isso com a notação $P \Leftrightarrow Q$) se as tabelas-verdade dessas duas proposições são idênticas.

Exemplo 2.1.2

Veja as colunas correspondentes às proposições $p \rightarrow q$ e $\sim p \vee q$ na tabela-verdade do Exemplo 1.2.9. Como são idênticas, tais proposições são equivalentes. A equivalência lógica entre essas duas proposições pode ser percebida na linguagem corrente da seguinte maneira: consideremos que p seja a proposição "João foge da escola" e que q seja a proposição dita a João por seu pai "eu o deixo de castigo". Então, fazendo as adaptações necessárias ao bom português, a proposição seguinte, que corresponde ao aviso do pai de João,

"João, se você fugir da escola, então irei deixá-lo de castigo",

é equivalente a esta outra:

"João, não fuja da escola ou irei deixá-lo de castigo".

Exemplo 2.1.3

Verifiquemos que as proposições $P(p, q)$: $p \rightarrow q$ e $Q(p, q)$: $\sim q \rightarrow \sim p$ são equivalentes. Até agora, o único método que conhecemos é o de construir tabelas-verdade. Assim, basta analisar a construção a seguir e observar a igualdade na terceira e na sexta coluna.

p	q	$p \rightarrow q$	$\sim q$	$\sim p$	$\sim q \rightarrow \sim p$
V	V	**V**	F	F	**V**
V	F	**F**	V	F	**F**
F	V	**V**	F	V	**V**
F	F	**V**	V	V	**V**

CONTRARRECÍPROCA, RECÍPROCA E IMPLICAÇÃO CONTRÁRIA

Definição 2.1.4

A proposição $\sim q \rightarrow \sim p$ é uma proposição associada à condicional $p \rightarrow q$ e é chamada de *contrarrecíproca* ou *contrapositiva* da proposição $p \rightarrow q$.

Como vimos, as proposições $p \rightarrow q$ e $\sim q \rightarrow \sim p$ são equivalentes. Note como as duas proposições realmente são formas diferentes de dizer a mesma coisa: sendo p a proposição "Jorge nasceu em Goiânia" e q a proposição "Jorge é brasileiro", temos a condicional

"se Jorge nasceu em Goiânia, então Jorge é brasileiro"

e a contrarrecíproca

"se Jorge não é brasileiro, então Jorge não nasceu em Goiânia".

O uso da contrarrecíproca de uma condicional é muito útil em Matemática, pois às vezes é mais fácil provar a contrarrecíproca do que a condicional original.

Exemplo 2.1.5

Para provar que

"se x^2 é um número ímpar, então x é um número ímpar"

$$(p \rightarrow q),$$

é mais fácil olhar para a proposição contrarrecíproca, que é:

"se x não é um número ímpar, então x^2 não é um número ímpar"

$$(\sim q \rightarrow \sim p),$$

ou, como é mais fácil,

"se x é um número par, então x^2 é um número par".

Para provarmos isso, temos que, se x é um número par, então $x = 2n$, para algum número inteiro n. Assim, $x^2 = 4n^2 = 2(2n^2)$, em que x^2 é um número par, como queríamos.

Além da proposição contrarrecíproca, há duas outras proposições associadas à condicional $p \rightarrow q$, como veremos na definição a seguir.

Definição 2.1.6

Dada a proposição condicional $p \rightarrow q$, definimos a sua proposição *recíproca* por $q \rightarrow p$ e a sua proposição *contrária* por $\sim p \rightarrow \sim q$.

Observe que, embora as proposições recíproca $q \rightarrow p$ e contrária $\sim p \rightarrow \sim q$ da condicional $p \rightarrow q$ sejam equivalentes entre si, nenhuma delas é equivalente a $p \rightarrow q$ (veja o Exercício 7, no final deste capítulo).

Exemplo 2.1.7

Para a condicional

"se x^2 é um número ímpar, então x é um número ímpar"

$$(p \rightarrow q),$$

as proposições recíproca e contrária são expressas, respectivamente, por:

"se x é um número ímpar, então x^2 é um número ímpar"

$$(q \rightarrow p)$$

e

"se x^2 é um número par, então x é um número par"

$$(\sim p \to \sim q).$$

De modo semelhante ao que exemplificamos para a contrarrecíproca, a equivalência das proposições $p \to q \vee r$ e $p \wedge \sim q \to r$ também encontra utilidade na Matemática (convidamos o leitor a construir as tabelas-verdade necessárias e verificar tal equivalência). Mostramos uma aplicação dessa equivalência no próximo exemplo.

Exemplo 2.1.8

O teorema

"Se n é um número primo que é divisor do produto dos números inteiros a e b, então n é divisor de a ou n é divisor de b."

encontra boas aplicações com esse enunciado, mas sua demonstração[1] é facilitada pela aplicação da equivalência das proposições $p \to q \vee r$ e $p \wedge \sim q \to r$. Representemos por p a proposição composta

p: n é um número primo que é divisor do produto dos números inteiros a e b

e por q e r as proposições

q: n é divisor de a,

r: n é divisor de b.

Assim, o enunciado do teorema pode ser representado por $p \to q \vee r$. Sua demonstração, entretanto, será mais fácil se o escrevermos por meio da proposição $p \wedge \sim q \to r$, da seguinte forma:

"Se n é um número primo que é divisor do produto dos números inteiros a e b e não é divisor de a, então n é divisor de b".

Há diversas outras equivalências que ajudam a simplificar demonstrações de teoremas em Matemática, como a experiência certamente mostrará.

---

1 Demonstrar um teorema significa escrever uma argumentação que permita justificar a validade da propriedade por ele afirmada. Na Seção 2.4 veremos algumas técnicas que facilitam as construções de tais argumentações em alguns casos.

EQUIVALÊNCIAS FUNDAMENTAIS

Agora que já introduzimos o conceito de *equivalência lógica* e já exemplificamos como provar quando duas proposições são equivalentes, apresentaremos uma lista de propriedades dos conectivos lógicos que poderá ser usada depois para provar a equivalência de proposições sem a construção de tabelas-verdade. Isso é muito conveniente, pois, quando se tem proposições compostas por muitas proposições simples, as tabelas-verdade correspondentes têm um grande número de linhas.

Sejam p, q, r proposições quaisquer, t uma *tautologia* (uma proposição que é sempre verdadeira) e c uma *contradição* (uma proposição que é sempre falsa). Então:

(1) $\sim(\sim p) \Leftrightarrow p$ (dupla negação)

(2) $p \wedge p \Leftrightarrow p$ (propriedade idempotente da conjunção)

(3) $p \wedge q \Leftrightarrow q \wedge p$ (propriedade comutativa da conjunção)

(4) $(p \wedge q) \wedge r \Leftrightarrow p \wedge (q \wedge r)$ (propriedade associativa da conjunção)

(5) $p \wedge t \Leftrightarrow p$

(6) $p \wedge c \Leftrightarrow c$

(7) $p \vee p \Leftrightarrow p$ (propriedade idempotente da disjunção)

(8) $p \vee q \Leftrightarrow q \vee p$ (propriedade comutativa da disjunção)

(9) $(p \vee q) \vee r \Leftrightarrow p \vee (q \vee r)$ (propriedade associativa da disjunção)

(10) $p \vee t \Leftrightarrow t$

(11) $p \vee c \Leftrightarrow p$

(12) $p \wedge (q \vee r) \Leftrightarrow (p \wedge q) \vee (p \wedge r)$ (distributiva da conjunção sobre a disjunção)

(13) $p \vee (q \wedge r) \Leftrightarrow (p \vee q) \wedge (p \vee r)$ (distributiva da disjunção sobre a conjunção)

(14) $p \wedge (p \vee q) \Leftrightarrow p$

(15) $p \vee (p \wedge q) \Leftrightarrow p$

(16) $\sim(p \wedge q) \Leftrightarrow \sim p \vee \sim q$ (regra de De Morgan)

(17) $\sim(p \vee q) \Leftrightarrow \sim p \wedge \sim q$ (regra de De Morgan)

(18) $p \rightarrow q \Leftrightarrow \sim p \vee q$

(19) $p \rightarrow q \Leftrightarrow \sim q \rightarrow \sim p$

(20) $p \leftrightarrow q \Leftrightarrow (p \rightarrow q) \wedge (q \rightarrow p)$.

Para finalizar esta seção, gostaríamos de chamar a atenção para a equivalência entre a proposição quantificada $\forall x \in \Omega,\ p(x)$ e a proposição condicional "Se $x \in \Omega$, então $p(x)$". Note que isso pode ser bem entendido uma vez compreendidas as diversas representações que apresentamos logo após introduzirmos os quantificadores no Capítulo 1. Veja um exemplo: é equivalente dizer que "para todo x real, $x^2 + 1 > 0$"

e

"Se x é um número real, então $x^2 + 1 > 0$".

MÉTODO DEDUTIVO

Todas as equivalências da lista anterior podem ser provadas pelo *método da construção da tabela-verdade* (esse será um bom exercício ao leitor). Essas equivalências contribuem para o desenvolvimento de outro método de provar equivalências conhecido como *método dedutivo.* O método se baseia no fato de que se duas proposições P e Q são equivalentes a uma terceira proposição R, então elas são equivalentes entre si.

Exemplo 2.1.9

Vamos demonstrar que as proposições

$$P(p, q, r, s): (p \to r) \vee (q \to s) \text{ e } Q(p, q, r, s): p \wedge q \to r \vee s$$

são equivalentes. É importante notar que, se fôssemos usar o método da construção da tabela-verdade, nossa tabela teria $2^4 = 16$ linhas. Vejamos o uso do método dedutivo:

$(p \to r) \vee (q \to s) \Leftrightarrow (\sim p \vee r) \vee (\sim q \vee s)$, usando a propriedade (18)

$\Leftrightarrow ((\sim p \vee r) \vee \sim q) \vee s$, usando a propriedade (9)

$\Leftrightarrow ((\sim p \vee (r \vee \sim q)) \vee s)$, usando a propriedade (9)

$\Leftrightarrow ((\sim p \vee (\sim q \vee r)) \vee s)$, usando a propriedade (8)

$\Leftrightarrow ((\sim p \vee \sim q) \vee r) \vee s$, usando a propriedade (9)

$\Leftrightarrow (\sim p \vee \sim q) \vee (r \vee s)$, usando a propriedade (9)

$\Leftrightarrow \sim(p \wedge q) \vee (r \vee s)$, usando a propriedade (16)

$\Leftrightarrow p \wedge q \to r \vee s$, usando a propriedade (18).

Na resolução desse exemplo fomos demasiadamente detalhistas para mostrar quais propriedades estavam sendo usadas. Em verdade, depois de um pouco de treino, o leitor será capaz de simplificá-la.

Exemplo 2.1.10

Vamos demonstrar que as proposições

$$P(p, q, r): (p \to q) \wedge (p \to r) \text{ e } Q(p, q, r): p \to q \wedge r$$

são equivalentes. Basta notar que:

$$(p \to q) \wedge (p \to r) \overset{(18)}{\Leftrightarrow} (\sim p \vee q) \wedge (\sim p \vee r) \overset{(13)}{\Leftrightarrow} \sim p \vee (q \wedge r) \overset{(18)}{\Leftrightarrow} p \to q \wedge r.$$

Isso foi muito melhor do que ter que construir uma tabela de 8 linhas!

2.2 NEGAÇÃO DE PROPOSIÇÕES

Discutiremos agora maneiras de se negar sentenças, o que é uma tarefa bastante importante em Matemática. Ao negarmos uma proposição p, devemos construir uma nova proposição que possui valor lógico oposto ao de p.

Na linguagem corrente, a negação de uma proposição é feita, via de regra, posicionando o advérbio *não* antes do verbo da proposição dada. Assim, a negação da proposição

"João estuda pela manhã"

é

"João *não* estuda pela manhã".

Isso funciona muito bem para proposições simples. Quando a proposição já contém o advérbio *não* em sua estrutura, sua negação pode ser feita excluindo-se o advérbio: por exemplo, a negação da proposição

"o Sol não é azul"

pode ser expressa como

"o Sol é azul".

Veja, leitor, como isso coincide com a primeira equivalência fundamental (dupla negação).

Podemos também negar uma proposição antepondo a ela expressões como "não é verdade que" ou "é falso que", de modo que a proposição

"não é verdade que João estuda pela manhã"

é uma forma de negar a proposição

"João estuda pela manhã".

NEGAÇÃO DA CONJUNÇÃO E DA DISJUNÇÃO

A forma anterior pode ser aplicada quando se deseja negar proposições compostas. Por exemplo, a negação da proposição

"Marcos gosta de cachorros ***e*** Marta ama gatos"

pode ser expressa assim:

"Não é verdade que Marcos gosta de cachorros e Marta ama gatos".

É mais comum, no entanto, negarmos sentenças como essas fazendo uso de uma das regras de De Morgan, propriedade (16) na lista de equivalências fundamentais:

"Marcos não gosta de cachorros ***ou*** Marta não ama gatos".

Também usamos uma regra de De Morgan – a propriedade (17) – para negar afirmações compostas pela disjunção. Por exemplo, a negação da proposição

"Marcos gosta de cachorros ***ou*** Marta ama gatos"

pode ser expressa, com a propriedade (17), desta forma:

"Marcos não gosta de cachorros ***e*** Marta não ama gatos".

NEGAÇÃO DA CONDICIONAL

Uma situação de particular interesse em Matemática é aquela de negar proposições condicionais. É muito comum encontrarmos o equívoco de afirmar que a negação da proposição condicional $p \rightarrow q$ é uma das proposições

$$\sim p \rightarrow \sim q,\ p \rightarrow \sim q,\ \sim p \rightarrow q,\ q \rightarrow p \quad \text{e até} \quad \sim q \rightarrow \sim p,$$

mas a construção da tabela-verdade dessas proposições revela que nenhuma delas tem valores opostos de $p \rightarrow q$ em todas as linhas, não podendo ser, portanto, suas negações. Podemos obter a negação de $p \rightarrow q$ pelo uso do método dedutivo:

$$\sim(p \rightarrow q) \Leftrightarrow \sim(\sim p \vee q) \Leftrightarrow \sim(\sim p) \wedge \sim q \Leftrightarrow p \wedge \sim q.$$

Assim, a negação da sentença

"Se n é um número primo, então $2^n - 1$ é um número primo"

é

"n é um número primo ***e*** $2^n - 1$ ***não*** é um número primo".

Nesses casos, é comum trocarmos o conectivo *e* por seu sinônimo (sob o ponto de vista lógico) *mas*. A negação fica então assim:

"n é um número primo, ***mas*** $2^n - 1$ ***não*** é um número primo".

NEGAÇÃO DE PROPOSIÇÕES QUANTIFICADAS

Outra situação que desperta grande interesse é aquela de negar proposições quantificadas. Há que se tomar cuidado com a negação de proposições como:

"todos os homens são mortais".

Precipitadamente, poder-se-ia pensar que a negação é

"nenhum homem é mortal"

ou

"todos os homens são imortais",

o que é um equívoco. Também não é correto negar tal proposição afirmando:

"todos os homens ***não*** são mortais".

Uma forma correta pode ser expressa por:

"nem todos os homens são mortais"

ou

"há homens que não são mortais"

ou

"existe homem que é imortal"

ou ainda

"não é verdade que todos os homens são mortais".

Já a negação da proposição

"nenhum homem é fiel"

é

"algum homem é fiel"

e a negação da proposição

"existe homem fiel"

é

"todos os homens são infiéis".

Como regra geral, a negação da proposição

$$\forall x \in \Omega,\ p(x)$$

é equivalente à proposição

$$\exists x_0 \in \Omega \mid \sim p(x_0).$$

Para ver isso, pelo menos no caso finito, digamos quando $\Omega = \{x_1, x_2, x_3, \ldots, x_n\}$, relembre que afirmar que as proposições

$$\forall x \in \Omega,\ p(x) \text{ e } \exists x_0 \in \Omega \mid p(x_0)$$

são verdadeiras é o mesmo que afirmar, respectivamente, que

$$v\big(p(x_1) \wedge p(x_2) \wedge p(x_3) \wedge \cdots \wedge p(x_n)\big) = \mathrm{V}$$

e

$$v\big(p(x_1) \vee p(x_2) \vee p(x_3) \vee \cdots \vee p(x_n)\big) = \mathrm{V}$$

(veja as observações na sequência do Exemplo 1.3.4). Em outros termos, isso significa que

$$\forall x \in \Omega,\ p(x)$$

é equivalente a

$$p(x_1) \wedge p(x_2) \wedge p(x_3) \wedge \cdots \wedge p(x_n),$$

e também

$$\exists x_0 \in \Omega \mid p(x_0)$$

é equivalente a

$$p(x_1) \vee p(x_2) \vee p(x_3) \vee \cdots \vee p(x_n).$$

Assim, negar

$$\forall x \in \Omega,\ p(x)$$

é equivalente a negar

$$p(x_1) \wedge p(x_2) \wedge p(x_3) \wedge \cdots \wedge p(x_n),$$

ou seja, é equivalente a

$$\sim\left(p(x_1) \wedge p(x_2) \wedge p(x_3) \wedge \cdots \wedge p(x_n)\right).$$

Aplicando uma das regras de De Morgan, temos:

$$\sim p(x_1) \vee \sim p(x_2) \vee \sim p(x_3) \vee \cdots \vee \sim p(x_n),$$

que é equivalente a

$$\exists x_0 \in \Omega \mid \sim p(x_0),$$

como dissemos.

Isso significa que negar a afirmação

"*todos* os elementos do conjunto Ω satisfazem a propriedade P"

é equivalente a afirmar que

"*pelo menos um* elemento do conjunto Ω ***não*** satisfaz a propriedade P",

ou seja,

"*existe um* elemento do conjunto Ω que ***não*** satisfaz a propriedade P", ou, ainda,

"*existem* elementos do conjunto Ω que ***não*** satisfazem a propriedade P".

De modo semelhante, a negação da proposição

$$\exists x_0 \in \Omega \mid p(x_0)$$

é equivalente à afirmação

$$\forall x \in \Omega, \ \sim p(x)$$

(uma justificativa análoga à que fizemos para o quantificador universal no caso finito pode ser feita para o quantificador existencial, agora aplicando a outra regra de De Morgan; convidamos o leitor a redigir os detalhes). Com isso, negar a afirmação

"*existe* um elemento do conjunto Ω que satisfaz a propriedade P"

é equivalente a afirmar que

"*todos* os elementos do conjunto Ω ***não*** satisfazem a propriedade P",

que também é o mesmo que

"*nenhum* dos elementos do conjunto Ω satisfaz a propriedade P".

Dessa forma, a negação de proposições transforma o quantificador universal no quantificador existencial e vice-versa. Em resumo:

- Para negar uma proposição quantificada com o quantificador universal, substituímos esse quantificador pelo existencial e negamos $p(x)$.
- Para negar uma proposição quantificada com o quantificador existencial, substituímos esse quantificador pelo universal e negamos $p(x)$.

Vejamos algumas situações:

Proposição	Sua negação
Existe um número real x tal que $x + 3 = 0$.	Para todo número real x, tem-se $x + 3 \neq 0$.
Para todo número real x, tem-se x^2 positivo.	Existe um número real x tal que x^2 não é positivo.

Proposição	Sua negação
Para todo número real x, existe um número real y tal que $x + y = 0$.	Existe um número real x para o qual não existe número real y com $x + y = 0$. Outra forma: existe um número real x tal que, para todo número real y, tem-se $x + y \neq 0$.
Se π é um número irracional, então π^2 é também irracional.	π é um número irracional, mas π^2 não é um número irracional.
Existe um número real x tal que, se x for irracional, então x^2 também será irracional.	Para todo número real x, tem-se que x é um número irracional, mas x^2 não é irracional.
Para todo número inteiro, se n for par, então n^2 também será par.	Existe um número inteiro n tal que n é par, mas n^2 não é par.

Convidamos o leitor a escrever as negações das proposições do Exemplo 1.3.5.

2.3 IMPLICAÇÃO LÓGICA

Passamos agora a discutir o importante conceito de *implicação lógica*, que tem grande relevância no entendimento da linha geral de pensamento aplicada na demonstração da grande maioria dos teoremas e resultados da ciência Matemática.

Definição 2.3.1

Dizemos que a proposição $P(p, q, r, \dots)$ *implica logicamente* a proposição $Q(p, q, r, \dots)$ – indicamos isso com a notação $P \Rightarrow Q$ – se $Q(p, q, r, \dots)$ é verdadeira todas as vezes que $P(p, q, r, \dots)$ for verdadeira.

Em outros termos, afirmar que $P \Rightarrow Q$ significa que, na construção das tabelas-verdade de P e Q, sempre que P for V, o mesmo ocorrerá com Q, isto é, quando os valores lógicos das proposições constituintes $p, q, r, \dots$ impuserem a veracidade à proposição P, o mesmo deverá ocorrer à proposição Q. E quando P for falsa? Bem, nesse caso, nada é exigido de Q, podendo ser tanto verdadeira quanto falsa.

Exemplo 2.3.2

Mostremos que a proposição

$$P(p, q, r)\colon (p \rightarrow r) \wedge (q \rightarrow r)$$

implica logicamente a proposição

$$Q(p, q, r)\colon p \wedge q \rightarrow r.$$

A técnica usada é a da construção das tabelas-verdade de cada uma dessas proposições.

p	q	r	$p \to r$	$q \to r$	$(p \to r) \wedge (q \to r)$	$p \wedge q$	$p \wedge q \to r$
V	V	V	V	V	**V**	V	**V**
V	V	F	F	F	**F**	V	**F**
V	F	V	V	V	**V**	F	**V**
V	F	F	F	V	**F**	F	**V**
F	V	V	V	V	**V**	F	**V**
F	V	F	V	F	**F**	F	**V**
F	F	V	V	V	**V**	F	**V**
F	F	F	V	V	**V**	F	**V**

Agora devemos observar que em todas as linhas da tabela em que a proposição $P(p, q, r)$ é verdadeira, o mesmo ocorre com a proposição $Q(p, q, r)$. É interessante observar que há situações em que a proposição $Q(p, q, r)$ é verdadeira mesmo que $P(p, q, r)$ seja falsa, como nas linhas 4 e 6. Também há situações em que ambas são falsas. Nada disso impede que a proposição $P(p, q, r)$ implique logicamente a proposição $Q(p, q, r)$, segundo a Definição 2.3.1.

Acerca da implicação lógica, podemos demonstrar o seguinte:

Teorema 2.3.3

A proposição $P(p, q, r, \ldots)$ implica logicamente a proposição $Q(p, q, r, \ldots)$ se, e somente se, a proposição condicional $P(p, q, r, \ldots) \to Q(p, q, r, \ldots)$ é tautológica.

Pela equivalência fundamental número (20) - ver Seção 2.1 -, uma proposição com a estrutura *se, e somente se,* é equivalente à conjunção de duas condicionais. Para demonstrar a veracidade de uma tal afirmação, quando as duas condicionais não podem ser tratadas simultaneamente, a demonstração consiste em duas etapas: primeiro, escolhemos uma das condicionais, assumimos a veracidade de seu precedente e, a partir disso, argumentamos a fim de concluir que o consequente é verdadeiro. Em seguida, repetimos esse procedimento para a outra condicional. Passemos à demonstração.

Demonstração do Teorema 2.3.3

- Primeiramente, suponhamos que a proposição $P(p,q,r, \ldots)$ implique logicamente a proposição $Q(p, q, r, \ldots)$. Então não ocorre que os valores lógicos simultâneos dessas duas proposições sejam V e F, respectivamente, uma vez que $Q(p, q, r, \ldots)$ é verdadeira todas as vezes que $P(p, q, r, \ldots)$ for verdadeira. Assim, a tabela-verdade da condicional $P(p, q, r, \ldots) \rightarrow Q(p, q, r, \ldots)$ não contém o valor lógico F como resultado, o que significa que essa condicional é tautológica (lembre-se que uma condicional $R \rightarrow S$ só tem valor lógico falso quando $v(R) = V$ e $v(S) = F$).

- Agora, assumindo que a condicional $P(p, q, r, \ldots) \rightarrow Q(p, q, r, \ldots)$ seja tautológica, sua tabela-verdade somente conterá o valor lógico V, de modo que não poderá ocorrer de os valores lógicos simultâneos das proposições $P(p,q,r, \ldots)$ e $Q(p, q, r, \ldots)$ serem V e F, respectivamente, e, assim, a proposição $P(p, q, r, \ldots)$ implica logicamente a proposição $Q(p, q, r, \ldots)$.

■

Vimos no Exemplo 2.3.2 que a proposição $P(p, q, r)$: $(p \rightarrow r) \wedge (q \rightarrow r)$ implica logicamente a proposição $Q(p, q, r)$: $p \wedge q \rightarrow r$. Sugerimos ao leitor que complete a tabela-verdade apresentada no exemplo com a coluna correspondente à proposição condicional $\big((p \rightarrow r) \wedge (q \rightarrow r)\big) \rightarrow \big(p \wedge q \rightarrow r\big)$ para verificar a validade do Teorema 2.3.3 nesse caso. Com isso, obterá uma coluna completa de valores lógicos V.

- ***Observação***: é importante registrar que os símbolos $\rightarrow$ e $\Rightarrow$ têm significados distintos: enquanto o primeiro é uma operação lógica entre duas proposições, o segundo expressa uma relação entre as duas proposições e estabelece que a aplicação do símbolo $\rightarrow$ a elas produz uma tautologia, conforme impõe o Teorema 2.3.3. Em resumo:
  - $P \rightarrow Q$ é a proposição condicional de P e Q (seus valores lógicos são conhecidos conforme definimos no Capítulo 1).
  - $P \Rightarrow Q$ é equivalente a "$P \rightarrow Q$ é uma tautologia".

DEMONSTRAÇÃO, HIPÓTESE E TESE

Dito tudo isso, convém mencionar o seguinte: quando enunciamos (e demonstramos) um teorema, estamos impondo sua veracidade, ou seja, estamos afirmando que a proposição nele encerrada é tautológica. Ora, a maioria dos teoremas da Matemática são afirmações expressas, em linguagem corrente, por meio do conectivo lógico "Se..., então...". Por exemplo, o Teorema Fundamental da Aritmética pode ser expresso assim:

"Se n é um número inteiro maior que 1, então n pode ser escrito de modo único (a menos da ordem dos fatores) como um produto de números primos".

Nesses casos, ao demonstrarmos o teorema, devemos mostrar que a proposição condicional correspondente é tautológica, o que significa, em razão do afirmado no Teorema 2.3.3, que em um teorema do tipo "Se P, então Q" temos, em verdade, uma implicação lógica. Portanto, para demonstrá-lo, devemos ***supor*** que a proposição P, chamada nesses casos de ***hipótese***, seja verdadeira para, então, ***demonstrar*** que a proposição Q, chamada de ***tese***, é também verdadeira. É importante informar que, nessas situações, não é necessário analisar o caso em que P seja falsa, pois nessa hipótese, independentemente do valor lógico da proposição Q, a proposição condicional $P \rightarrow Q$ será verdadeira, garantindo a validade da implicação lógica e consequentemente do teorema sob estudo.

2.4 VALIDAÇÃO DE ARGUMENTOS E TIPOS DE DEMONSTRAÇÃO

VALIDAÇÃO DE ARGUMENTOS

No que segue, nos propomos o estudo da validação de argumentos. Segundo os dicionários, *argumento* é um raciocínio pelo qual se tira uma consequência ou dedução. Raciocinamos ou argumentamos quando colocamos juízos ou proposições que contenham evidências em uma ordem tal que necessariamente nos levam a um outro juízo, que se chama *conclusão*. A argumentação é a representação lógica do raciocínio. É uma espécie de operação discursiva do pensamento que consiste em encadear logicamente alguns juízos e deles tirar uma conclusão. Essa operação é discursiva porque vai de uma ideia ou de um juízo a outro passando por um ou vários intermediários e exige o uso de palavras para conectá-los: *os conectivos*. Quando tratamos da contrarreciprocidade, tivemos a oportunidade de argumentar com o leitor que se o quadrado de um número é ímpar, então o próprio número tem que ser ímpar, lembra-se? Formalizemos o que a Lógica Matemática entende por argumento:

Definição 2.4.1

(a) Consideremos $P_1, P_2, P_3, \ldots, P_n$ e Q proposições quaisquer, simples ou compostas. Chamamos de *argumento* a afirmação de que a sequência finita $P_1, P_2, P_3, \ldots, P_n$ de proposições tem como consequência a proposição final Q.

(b) Em um argumento, as proposições $P_1, P_2, P_3, \ldots, P_n$ são chamadas de *premissas* e a proposição final Q é chamada de *conclusão*.

- **Notação:** um argumento é representado assim:

$$P_1, P_2, P_3, \ldots, P_n \mapsto Q.$$

Como exemplo, podemos pensar o seguinte: sejam P_1, P_2 e P_3 as seguintes proposições:

P_1: pratico esportes ou vou ao médico regularmente;

P_2: se pratico esportes, então sou uma pessoa saudável;

P_3: se vou ao médico regularmente, então sou uma pessoa saudável.

Uma conclusão possível, dadas essas premissas, é que

"sou uma pessoa saudável".

Com a expressão "conclusão possível" estamos querendo dizer que nosso raciocínio é válido no seguinte sentido:

Definição 2.4.2

Dizemos que o argumento $P_1, P_2, P_3, \ldots, P_n \mapsto Q$ é *válido* quando a conclusão é verdadeira sempre que as premissas $P_1, P_2, P_3, \ldots, P_n$ são todas verdadeiras.

É importante que se tenha em mente que a validade de um argumento depende exclusivamente da relação existente entre as premissas e a conclusão, ou seja, não interessa saber se a conclusão ou as premissas são verdadeiras quando olhadas como proposições independentes umas das outras. Afirmar que um argumento é válido significa afirmar que as premissas estão de tal modo relacionadas com a conclusão que não é possível que a conclusão seja falsa se as premissas são todas verdadeiras. Por exemplo, a argumentação que tem como premissas

P_1: todo metal é dilatado pela ação da temperatura

e

P_2: meu cachorro é um metal

e como conclusão

Q: meu cachorro é dilatado pela ação da temperatura

é um argumento válido, embora a veracidade da segunda premissa e a da conclusão sejam questionáveis quando olhadas individualmente.

É relativamente simples verificar a validade dos argumentos que apresentamos até agora. Entretanto, esse nem sempre é o caso, de modo que é necessário obter um critério para verificar a validade de um argumento. O teorema a seguir provê um tal critério:

Teorema 2.4.3

Um argumento $P_1, P_2, P_3, \ldots, P_n \mapsto Q$ é *válido* se, e somente se, a proposição condicional $P_1 \wedge P_2 \wedge P_3 \wedge \cdots \wedge P_n \rightarrow Q$ é tautológica.

Demonstração

Inicialmente observamos que as premissas $P_1, P_2, P_3, \ldots, P_n$ são todas verdadeiras se, e somente se, a proposição $P_1 \wedge P_2 \wedge P_3 \wedge \cdots \wedge P_n$ é verdadeira (lembre-se da definição de conjunção dada no Capítulo 1). Assim, o argumento será válido se, e somente se, a conclusão for verdadeira toda vez que a proposição $P_1 \wedge P_2 \wedge P_3 \wedge \cdots \wedge P_n$ for verdadeira. No entanto, isso quer dizer que não ocorre de o precedente da condicional $P_1 \wedge P_2 \wedge P_3 \wedge \cdots \wedge P_n \rightarrow Q$ ser verdadeiro e o consequente falso, única possibilidade para a condicional ser falsa. Logo, a proposição $P_1 \wedge P_2 \wedge P_3 \wedge \cdots \wedge P_n \rightarrow Q$ é sempre verdadeira, ou seja, é tautológica.

■

Definição 2.4.4

A proposição condicional que aparece no Teorema 2.4.3 é chamada de *condicional associada* ao argumento.

Para usar o critério dado pelo Teorema 2.4.3, construímos a tabela-verdade da condicional associada ao argumento dado e verificamos se aparece somente o valor V na última coluna da tabela. Vejamos um exemplo.

Exemplo 2.4.5

Sendo P_1: $p \rightarrow (q \rightarrow r)$, P_2: $\sim r \wedge q$ e Q: $\sim p$, provemos a validade do argumento $P_1, P_2 \mapsto Q$ construindo a tabela-verdade da proposição condicional associada

$$(p \rightarrow (q \rightarrow r)) \wedge (\sim r \wedge q) \rightarrow \sim p.$$

p	q	r	$q \rightarrow r$	P_1	$\sim r$	P_2	$P_1 \wedge P_2$	Q	$P_1 \wedge P_2 \rightarrow Q$
V	V	V	V	V	F	F	F	F	V
V	V	F	F	F	V	V	F	F	V
V	F	V	V	V	F	F	F	F	V
V	F	F	V	V	V	F	F	F	V
F	V	V	V	V	F	F	F	V	V
F	*V*	*F*	*F*	*V*	*V*	*V*	*V*	*V*	*V*
F	F	V	V	V	F	F	F	V	V
F	F	F	V	V	V	F	F	V	V

Na tabela-verdade, destacamos as colunas que representam as premissas, a conclusão e a condicional associada ao argumento. Observe que, para verificar a validade desse argumento pela definição, deveríamos verificar se a conclusão Q é válida sempre que ambas as premissas P_1 e P_2 são verdadeiras, o que, nesse caso, ocorre somente na sexta linha (em itálico).

O critério para validação de argumentos dado pelo Teorema 2.4.3 é tal que se construirmos a tabela-verdade da condicional associada corretamente, então não haverá dúvida: saberemos decidir se o argumento é ou não válido. Mas há uma grande desvantagem: se houver muitas proposições simples na composição da condicional associada, construir a tabela-verdade seria uma tarefa demasiadamente longa e enfadonha. Os exemplos que se seguem ilustram maneiras de se provar a validade de um argumento sem o uso de tabelas-verdade.

Exemplo 2.4.6

Mostremos a validade do seguinte argumento sem usar a tabela-verdade. Observemos que a tabela-verdade teria 16 linhas a serem preenchidas.

$$\sim s, (\sim s \vee \sim r) \rightarrow q, p \rightarrow \sim q, \sim p \rightarrow (r \rightarrow \sim q) \mapsto \sim r \vee p$$

Iniciamos relembrando que somente interessa avaliar os casos em que as premissas são verdadeiras (Definição 2.4.2). Para mostrar o que desejamos, será necessário conhecer os valores lógicos das proposições envolvidas na conclusão, e isso supondo todas as premissas verdadeiras. Assim, considerando $v(\sim s) = V$, temos $v(\sim s \vee \sim r) = V$ (independentemente do valor de $\sim r$), em que $v(q) = V$ (essa é a única possibilidade para que seja verdadeira a condicional que é a segunda premissa). Assim, $v(\sim q) = F$, o que, por força da veracidade da condicional na terceira premissa, impõe $v(p) = F$. Sendo assim, $v(\sim p) = V$ e, então, a quarta premissa implica $v(r \rightarrow \sim q) = V$. Como já sabemos que $v(\sim q) = F$, concluímos que $v(r) = F$. Assim, $v(\sim r) = V$ e, portanto, $v(\sim r \vee p) = V$, como queríamos.

Exemplo 2.4.7

Agora verifiquemos a validade do argumento

$$p \vee q, p \rightarrow r, r \rightarrow s \wedge t, s \wedge t \rightarrow u \vee v, p \rightarrow \sim(u \vee v) \mapsto q$$

usando um método conhecido como *contradição* ou *redução ao absurdo*. Esse método consiste em supor que a conclusão é falsa e daí deduzir logicamente uma contradição. Suponhamos então $v(q) = F$. Novamente, devemos admitir todas as premissas verdadeiras. Assim, a primeira premissa nos dá $v(p) = V$, a segunda nos dá $v(r) = V$, a terceira $v(s \wedge t) = V$, a quarta $v(u \vee v) = V$, ou seja, $v(\sim(u \vee v)) = F$. Com isso, a quinta premissa nos leva a concluir que $v(p) = F$, contradizendo o fato já sabido $v(p) = V$. Com isso, devemos ter $v(q) = V$, a conclusão desejada. Muito melhor que construir as 128 linhas da tabela-verdade da condicional associada!

TIPOS DE DEMONSTRAÇÃO

Para finalizar o capítulo, apresentaremos três teoremas que fornecem técnicas de demonstração da validade de argumentos. Chamamos o primeiro de *demonstração condicional* (*direta*), por ser aplicado em argumentos cuja conclusão é uma proposição condicional. O segundo nos fornece a técnica da *demonstração por contradição* ou *redução ao absurdo*, que foi o método usado no Exemplo 2.4.7. O terceiro trata da técnica de *demonstração indireta* e envolve a contrarrecíproca da conclusão do argumento quando esta é uma proposição condicional.

Teorema 2.4.8 (*demonstração direta*)

O argumento $P_1, P_2, \ldots, P_n \mapsto A \to B$ é válido se, e somente se, também é válido o argumento $P_1, P_2, \ldots, P_n, A \mapsto B$.

Demonstração

Representemos por P a proposição $P_1 \wedge P_2 \wedge \cdots \wedge P_n$. Note que, segundo o Teorema 2.4.3, o argumento $P \mapsto A \to B$ é válido se, e somente se, a condicional associada $P \to (A \to B)$ é tautológica; e o argumento $P, A \mapsto B$ é válido se, e somente se, a condicional associada $P \wedge A \to B$ é tautológica. Assim, é suficiente mostrar que são equivalentes as proposições $P \to (A \to B)$ e $P \wedge A \to B$.

Com efeito, pelo uso das propriedades (18) - duas vezes na primeira passagem -, (9), (16) e (18) novamente, de nossa lista de equivalências fundamentais, temos:

$$\begin{aligned} P \to (A \to B) &\Leftrightarrow \sim P \vee (\sim A \vee B) \\ &\Leftrightarrow (\sim P \vee \sim A) \vee B \\ &\Leftrightarrow \sim(P \wedge A) \vee B \\ &\Leftrightarrow P \wedge A \to B. \end{aligned}$$

■

- ***Observação***: bem entendido, caso a conclusão de um argumento seja uma proposição condicional, o Teorema 2.4.8 nos ensina que podemos demonstrar sua validade acrescentando às premissas o precedente dessa condicional.

Teorema 2.4.9 (*demonstração por contradição*)

O argumento $P_1, P_2, \ldots, P_n \mapsto Q$ é válido se, e somente se, também é válido o argumento $P_1, P_2, \ldots, P_n, \sim Q \mapsto c$, onde c denota uma contradição.

Demonstração

Como na demonstração do teorema anterior, representemos por P a proposição $P_1 \wedge P_2 \wedge \cdots \wedge P_n$. À luz do Teorema 2.4.3, é suficiente mostrar que são equivalentes as proposições $P \to Q$ e $P \wedge \sim Q \to c$. Com efeito, pelo uso sucessivo, novamente, das propriedades (18), (1), (16), (11) e (18) de nossa lista de equivalências fundamentais, temos

$$\begin{aligned} P \to Q &\Leftrightarrow \sim P \vee Q \\ &\Leftrightarrow \sim P \vee \sim(\sim Q) \\ &\Leftrightarrow \sim(P \wedge \sim Q) \\ &\Leftrightarrow \sim(P \wedge \sim Q) \vee c \\ &\Leftrightarrow P \wedge \sim Q \to c. \end{aligned}$$

■

- ***Observação***: registre-se ainda que nada nos impede de combinar as duas técnicas oferecidas pelos teoremas anteriores para demonstrar a validade de um argumento transportando o precedente de sua conclusão, quando for o caso, para o ambiente das premissas e, então, supor a negação de seu consequente para daí deduzir uma contradição.

Consideremos o problema de demonstrar o seguinte:

- ***Teorema***. Seja n um número inteiro maior que 1. Se, para quaisquer inteiros a e b tais que n divide $a \cdot b$, tem-se que n divide a ou n divide b, então n é um número primo.

  Em verdade, esse enunciado é equivalente ao seguinte, embora este se apresente de modo um tanto quanto estranho à primeira vista.

- ***Teorema***. Seja n um número inteiro maior que 1. Se [se a e b são inteiros, então (se n divide $a \cdot b$, então n divide a ou n divide b)], então n é um número primo.

  Ora, um teorema pode ser visto, em certo sentido, como uma proposição. No caso anterior, podemos entender que a expressão "seja n um número inteiro maior que 1" fixou certo número inteiro. Fazendo:

  p: a e b são inteiros;

  q: n divide $a \cdot b$;

  r: n divide a;

  s: n divide b;

  e

  u: n é um número primo,

  vemos que o teorema coincide com a proposição

$$\left[p \to (q \to r \vee s)\right] \to u.$$

A expressão "demonstrar o teorema" significa construir um argumento válido cuja conclusão seja a proposição que representa o teorema. Pelo Teorema 2.4.8, construir um argumento válido que tenha como conclusão a proposição

$$\left[p \to (q \to r \vee s)\right] \to u$$

será equivalente a construir um argumento válido que tenha como conclusão a proposição u, tendo por premissa "adicional" a proposição $p \rightarrow (q \rightarrow r \vee s)$, além, possivelmente, de outras. Pelo Teorema 2.4.9, podemos acrescentar a negação de u às premissas e daí construir um argumento válido que tenha como conclusão uma contradição. Sigamos então tal estratégia.

Chamamos a atenção do leitor a respeito da construção do argumento que leva à conclusão de um teorema: nele podem ser introduzidas premissas que têm ou não relação direta com outras já dadas. Isso significa que, ao introduzir uma nova premissa, esta pode nos levar à introdução de outra correlata (o caso de $\sim u$ e P_1 a seguir) e também poderá ocorrer a inclusão de premissas que não tenham relação direta com aquelas já utilizadas. Passemos à construção do argumento desejado.

Admitir a negação de u como premissa significa aceitar que n não é primo (Premissa $\sim u$); se n não é primo, então existem inteiros a e b tais que $1 < a < n$ e $1 < b < n$ e $n = a \cdot b$ (Premissa P_1); se $1 < a < n$, então n não divide a (Premissa P_2); se $1 < b < n$, então n não divide b (Premissa P_3); não é verdade que n divide a ou n divide b (Premissa P_4); n divide n (Premissa P_5); $a \cdot b$ é igual a n (Premissa P_6); agora basta notar que P_1 garante que $v(p) = V$, P_4 garante que $v(r \vee s) = F$, enquanto que de P_5 e P_6 temos $v(q) = V$. Tudo isso mostra que $v(p \rightarrow (q \rightarrow r \vee s)) = F$, o que entra em conflito com o fato de $p \rightarrow (q \rightarrow r \vee s)$ ser uma premissa (que sempre é admitida verdadeira).

Pode-se dizer, de modo geral, que a maioria dos teoremas em Matemática podem ser representados por uma condicional $A \rightarrow B$. Como já dissemos antes, em razão da equivalência $A \rightarrow B \Leftrightarrow \sim B \rightarrow \sim A$, a fim de demonstrar o teorema $A \rightarrow B$, podemos demonstrar o teorema $\sim B \rightarrow \sim A$ (veja as discussões após o Exemplo 2.1.3). A estratégia consiste em negar a proposição B e, juntamente com outras premissas, deduzir a negação de A. Chamamos esse tipo de argumentação de *demonstração indireta*. Essa difere da demonstração por contradição na medida em que, nesta última, acrescentamos às premissas já existentes a negação da proposição B e partimos em busca de uma contradição, que não necessariamente será a negação da proposição A. Este último parágrafo pode ser resumido no teorema seguinte. Convidamos o leitor a formalizar sua demonstração, nos moldes daquela do Teorema 2.4.8 (veja o Exercício 20 deste capítulo).

Teorema 2.4.10 (*demonstração indireta*)

O argumento $P_1, P_2, \ldots, P_n \mapsto A \rightarrow B$ é válido se, e somente se, também é válido o argumento $P_1, P_2, \ldots, P_n \mapsto \sim B \rightarrow \sim A$.

EXERCÍCIOS PROPOSTOS

1. Suponha que uma proposição t seja uma tautologia e uma proposição c seja uma contradição. Se p é uma proposição qualquer, prove que:

   a) $p \vee t \Leftrightarrow t$

   b) $p \wedge c \Leftrightarrow c$

2. Mostre que:

   a) $p \rightarrow q \not\Leftrightarrow q \rightarrow p$ (o símbolo $\not\Leftrightarrow$ significa "não é equivalente a")

   b) $p \rightarrow q \not\Leftrightarrow \sim p \rightarrow \sim q$

   c) $p \rightarrow q \Leftrightarrow \sim q \rightarrow \sim p$

3. Usando a equivalência do item (c) do Exercício 2, associe as proposições da coluna da esquerda às respectivas proposições equivalentes da coluna da direita.

p: se há perdão, então a paz é possível. *q*: se não há perdão, então a paz é possível. *r*: se não há perdão, então a paz não é possível. *s*: se há perdão, então a paz não é possível.	*t*: se a paz não é possível, então há perdão. *u*: se a paz não é possível, então não há perdão. *v*: se a paz é possível, então há perdão. *x*: se a paz é possível, então não há perdão.

4. Prove que $p \rightarrow q \Leftrightarrow q \vee \sim p$.

5. Usando a equivalência do Exercício 4, associe as proposições da coluna da esquerda às respectivas proposições equivalentes da coluna da direita.

p: se há perdão, então a paz é possível. *q*: se não há perdão, então a paz é possível. *r*: se não há perdão, então a paz não é possível. *s*: se há perdão, então a paz não é possível.	*t*: a paz não é possível ou há perdão. *u*: a paz não é possível ou não há perdão. *v*: a paz é possível ou há perdão. *x*: a paz é possível ou não há perdão.

6. Para cada condicional dada a seguir, escreva as proposições recíproca e contrária associadas. Escreva também a negação de cada uma delas.

   a) Se x é um número primo, então $\sqrt{x}$ é um número irracional.

   b) Se João nasceu em Belo Horizonte, então João é mineiro.

   c) Se $x \neq 3$, então $\dfrac{x^2 - 9}{x - 3} = x + 3$.

7. Dada a condicional $p \rightarrow q$, mostre que:

   a) a proposição *recíproca* $q \rightarrow p$ e a proposição *contrária* $\sim p \rightarrow \sim q$ associadas à condicional são equivalentes entre si;

   b) ambas a recíproca e a contrária não são equivalentes à condicional.

8. Na ***forma normal*** de uma proposição, só aparecem os conectivos $\sim$, $\vee$ e $\wedge$. Coloque a proposição a seguir em sua forma normal, servindo-se da equivalência do Exercício 4.

$$p \vee \sim q \to q \wedge r$$

9. Mostre, com o uso de tabelas-verdade e do método dedutivo, a equivalência:

$$(p \to q) \wedge (p \to \sim p) \Leftrightarrow p \to q \wedge \sim p.$$

10. Utilizando o método dedutivo, demonstre as equivalências a seguir.
    a) $p \to q \vee r \Leftrightarrow p \wedge \sim q \to r$
    b) $(p \to q) \wedge (\sim p \to q) \Leftrightarrow q$
    c) $p \to (q \to r) \Leftrightarrow p \wedge q \to r$
    d) $p \wedge q \to r \Leftrightarrow p \wedge \sim r \to \sim q$

11. Escreva a negação de cada uma das proposições a seguir. Quando possível, escreva ainda as proposições e suas negações utilizando os símbolos quantificadores.
    a) 2 divide 4 ou 6 divide -18.
    b) O triângulo ABC é escaleno e o trapézio RSTU é retângulo.
    c) Deus é brasileiro $\to$ O Papa é carioca.
    d) Para todo $x \in \mathbb{R}$, tem-se que $\sqrt{x}$ é um número positivo.
    e) Existe um número racional x tal que $\sqrt{x}$ é irracional.
    f) $\text{mdc}(4,9) = 1$ e para todo $x \in \mathbb{Z}$ tem-se $-x \in \mathbb{Z}$.
    g) Existe $x \in \mathbb{N}$ tal que $-x \in \mathbb{N}$ ou todo triângulo isósceles é equilátero.
    h) Existe $x \in \mathbb{R}$ tal que $\sqrt{x} \notin \mathbb{R}$ e $x > 3 \to 0{,}4^x > 0{,}4^3$.
    i) Para todo $x \in \mathbb{R}$ tal que $x > 8$, tem-se $\dfrac{2}{\sqrt{x-8}} > 0$ ou $x > y \to \log x < \log y$.

12. Verifique se a proposição $P(p, q, r)$: $(p \to r) \vee (q \to r)$ implica logicamente a proposição $Q(p, q, r)$: $p \vee q \to r$. Faça isso segundo dois critérios: a Definição 2.3.1 e o Teorema 2.3.3.

13. Verifique, por meio da tabela-verdade, que os argumentos a seguir são válidos.
    a) $p \to q,\ p \vee r,\ \sim q \mapsto r$
    b) $p \vee q, p \to r, q \to r \mapsto r$
    c) $\sim p \to \sim q,\ q,\ p \to \sim r \mapsto \sim r$

14. Demonstre a validade dos argumentos a seguir.
    a) $p \to \sim q, \sim q \to \sim s, (p \to \sim s) \to \sim t \mapsto \sim t$

b) Se durmo tarde, não acordo cedo. Acordo cedo. Logo, concluo que não durmo tarde.

c) Se chove, vou à praia. Se vou à praia, nado e jogo. Se adoeço, não nado. Chove, portanto, concluo que jogo e não adoeço.

d) $(p \to q) \to r,\ q \mapsto r$

e) $p \to (q \to r),\ \sim r \wedge q \mapsto \sim p$

15. Demonstre, por meio de duas técnicas distintas, que se $x + y + z$ é múltiplo de 3, então $100x + 10y + z$ é múltiplo de 3.

16. Prove que se a^3 é ímpar, então a é ímpar.

17. Consideremos as premissas:

$$(p \to q) \vee \sim r$$

$$\sim r \to s$$

$$\sim s \vee q$$

$$\sim q$$

Podemos concluir, a partir das premissas, a(s) seguinte(s) proposição(ões):

a) $\sim s \to q$

b) $r \to p$

c) $\sim p \to s$

d) $p \to r$

e) $\sim q \to \sim r$

f) $\sim q \to s$

18. Julgue os itens a seguir como verdadeiros ou falsos.

a) A proposição "nenhum homem é mortal" é uma negação correta da proposição "todos os homens são mortais".

b) Supondo que $v(p) = v(r) = V$ e que $v(q) = v(s) = F$, concluímos que o valor lógico da proposição "$p \to \sim q \leftrightarrow (p \vee r) \wedge s$" é a Verdade.

c) O argumento $p \to \sim q,\ p \wedge (w \vee s), (r \to p) \leftrightarrow w \vee (s \to p) \mapsto \sim q \wedge \sim t$,

em que t é uma tautologia, é válido.

d) Se as proposições P e Q são tautologias, então, qualquer que seja o conectivo $\square$, a proposição $P \square Q$ também é uma tautologia.

e) As proposições P: $(p \to q) \vee (r \to s) \vee \sim t$ e Q: $(p \wedge r \to q) \vee (t \to s)$ são proposições equivalentes.

19. Faça o que se pede em cada um dos itens a seguir.

a) Construa as tabelas-verdade necessárias para provar que as proposições $p \to q$, $\sim p \vee q$ e $\sim q \to \sim p$ são todas equivalentes.

b) Escreva a negação das proposições:

p: eu não nasci ontem.

q: você não me engana.

c) Complete as proposições compostas a seguir com a forma correta das proposições p e q de modo que se tenha uma proposição equivalente à seguinte proposição:

Se eu não nasci ontem, então você não me engana.

______________________________, então eu nasci ontem.

______________________________ ou você não me engana.

20. Demonstre o Teorema 2.4.10.

21. (Banco Central do Brasil–2006, adaptado) Um argumento é composto pelas premissas a seguir.

- Se as metas de inflação não são reais, então a crise econômica não demorará a ser superada.
- Se as metas de inflação são reais, então os superávits não serão fantasiosos.
- Os superávits serão fantasiosos.

Para que o argumento seja válido, a conclusão pode ser:

a) As metas de inflação não são irreais e a crise econômica não demorará a ser superada.

b) A crise econômica não demorará a ser superada.

c) As metas de inflação são irreais ou os superávits serão fantasiosos.

d) As metas de inflação são irreais e os superávits serão fantasiosos.

e) Os superávits não serão fantasiosos.

22. (Banco Central do Brasil–2006) No Japão, muitas empresas dispõem de lugares para seus funcionários se exercitarem durante os intervalos de sua jornada de trabalho. No Brasil, poucas empresas têm esse tipo de programa. Estudos têm revelado que os trabalhadores japoneses são mais produtivos que os brasileiros. Logo, a produtividade dos empregados brasileiros será menor que a dos japoneses enquanto as empresas brasileiras não aderirem a programas que obriguem seus funcionários à prática de exercícios.

A conclusão dos argumentos é válida se assumirmos que:

a) Os trabalhadores brasileiros têm uma jornada de trabalho maior que a dos japoneses.

b) A produtividade de todos os trabalhadores pode ser aumentada com exercícios.

c) A prática de exercícios é um fator essencial na maior produtividade dos trabalhadores japoneses.

d) As empresas brasileiras não dispõem de recursos para a construção de ginásios de esporte para seus funcionários.

e) Ainda que os programas de exercícios não aumentem a produtividade dos trabalhadores brasileiros, esses programas melhorarão a saúde deles.

23. (TRE/ES–2010, adaptado) Diz-se que as proposições P e Q são logicamente equivalentes quando possuem tabelas-verdade idênticas, de modo que tais proposições assumem os mesmos valores lógicos em função de suas proposições constituintes. A equivalência de proposições representa uma forma de expressar uma mesma afirmação de diferentes maneiras. Considerando essas informações, julgue os próximos itens.

a) A negação da proposição $P \rightarrow Q$ é logicamente equivalente à proposição $\sim P \rightarrow \sim Q$.

b) A negação da proposição "Marcos gosta de estudar, mas não gosta de fazer provas" é logicamente equivalente à proposição "Marcos não gosta de estudar e gosta de fazer provas".

c) A proposição "Como gosta de estudar e é compenetrado, João se tornará cientista" pode ser expressa por "Se João gosta de estudar e é compenetrado, então se tornará cientista".

d) A proposição "Se Lucas vai a sua cidade natal, então Lucas brinca com seus amigos" pode ser expressa por "Quando vai a sua cidade natal, Lucas brinca com seus amigos".

e) As proposições $P \wedge Q \rightarrow R$ e $(P \rightarrow R) \vee (Q \rightarrow R)$ são logicamente equivalentes.

24. (TRE/ES - 2010, adaptado) Argumento é a afirmação de que uma sequência de proposições, denominadas premissas, acarreta outra proposição, denominada conclusão. Um argumento é válido quando a conclusão é verdadeira sempre que as premissas são todas verdadeiras.

- Vou cortar o cabelo hoje, disse Joelson.

- Não é preciso, pois seu cabelo está curto, retrucou Rute.

- É que hoje vou a uma festa, vou procurar uma namorada, explicou Joelson.

- Meu marido está com o cabelo enorme, mas não quer cortá-lo, disse Rute.

- Ele já é casado, não precisa cortar o cabelo, concluiu Joelson.

Com base no fragmento de texto e no diálogo acima apresentados, julgue os itens que seguem.

a) A proposição "Meu marido está com o cabelo enorme, mas não quer cortá-lo" pode ser corretamente representada por $P \wedge Q$.

b) A partir das premissas "Se Joelson irá a uma festa e procurará uma namorada, então Joelson precisa cortar o cabelo", "Se Joelson é casado, então, não precisa cortar o cabelo" e "Se Joelson é casado, então não procurará uma namorada", pode-se concluir corretamente que Joelson não é casado.

c) O argumento cujas premissas são "Quem é casado não precisa cortar o cabelo" e "Quem vai procurar uma namorada precisa cortar o cabelo" e cuja conclusão é "Quem é casado não vai procurar uma namorada" é válido.

d) A proposição "Não é preciso cortar seu cabelo, pois ele está curto" pode ser corretamente representada por $P \to Q$.

CAPÍTULO 3
A LINGUAGEM DOS CONJUNTOS

No presente capítulo introduzimos a linguagem básica dos conjuntos que será usada ao longo deste livro e que, em verdade, permeia toda a Matemática. Nossa intenção não é apresentar uma teoria axiomática dos conjuntos, mas apenas relembrar o vocabulário e a simbologia comumente usados no fazer diário da Matemática.

Já tivemos a oportunidade de conversar com o leitor sobre os problemas que a imprecisão da linguagem falada impõe. Também discutimos a noção de conceito primitivo e argumentamos que sua aparição é inevitável em qualquer teoria. Como não poderia ser diferente quando se trata da Teoria dos Conjuntos, seremos obrigados a considerar alguns conceitos como primitivos: as noções de *conjunto*, *elemento*, *relação de pertinência*, *relação de igualdade*, *par ordenado* e *número de elementos de um conjunto* são alguns deles.

3.1 CONJUNTOS, SUBCONJUNTOS E SEUS ELEMENTOS

Para representar que x é um elemento do conjunto X, usaremos a notação $x \in X$, que é lida assim: "x pertence a X". A negação dessa proposição é representada por $x \notin X$, que se lê como "x não pertence a X". Por exemplo, se A é o conjunto das vogais da palavra *paralelepípedo*, então $a \in A$, mas $u \notin A$. Note que o conjunto A possui quatro elementos, a saber: $A = \{a, e, i, o\}$ (cada vogal é apenas um elemento, mesmo que estivesse listada 30 vezes!). Já o conjunto $B = \{a, e, \{i, o\}\}$ possui apenas três elementos, que são as letras a e e e o conjunto $\{i, o\}$. O conjunto $\{i, o\}$ é um elemento de B, mas não é um elemento de A (ainda que as letras i e o sejam elementos de A). Note ainda que $i \notin B$ e $o \notin B$.

SUBCONJUNTOS E CONJUNTO DAS PARTES DE UM CONJUNTO

Definição 3.1.1

Dizemos que o conjunto X é um *subconjunto* (ou uma *parte*) do conjunto Y se todo elemento de X é também elemento de Y.

- **Notação:** escrevemos $X \subset Y$ quando o conjunto X é um subconjunto do conjunto Y.

- ***O conjunto vazio*:** usamos a notação $\emptyset$ para indicar um conjunto que não possui nenhum elemento. Ele é chamado de *conjunto vazio* e tem a propriedade de ser um subconjunto de qualquer conjunto. De fato, se houvesse algum conjunto X do qual $\emptyset$ não fosse subconjunto, então o conjunto $\emptyset$ deveria ter algum elemento que não pertencesse a X, o que é impossível por $\emptyset$ não possuir nenhum elemento.

  É também comum encontrar na literatura a notação $\{\ \}$ para indicar o conjunto vazio.

  É importante que o leitor compreenda a diferença entre *ser elemento* e *ser subconjunto*. Veja o exemplo a seguir.

Exemplo 3.1.2

Considere A o conjunto das vogais da palavra *paralelepípedo* e o conjunto $B = \{a, e, \{i, o\}\}$.

(a) O conjunto $\{a, e\}$ é um subconjunto dos conjuntos A e B, pois $a \in A$ e $e \in A$, $a \in B$ e $e \in B$. Escrevemos $\{a, e\} \subset A$ e $\{a, e\} \subset B$.

(b) O conjunto $\{i, o\}$ é um subconjunto de A, pois $i \in A$ e $o \in A$, mas não é um subconjunto de B, pois $i \notin B$ (também $o \notin B$, porém basta ver que um elemento de $\{i, o\}$ não é elemento de B). Escrevemos $\{i, o\} \subset A$ e $\{i, o\} \not\subset B$. (Lembre-se de que $\{i, o\}$ é um elemento de B. De onde é correto escrever $\{i, o\} \in B$.)

(c) O conjunto $\{a, o\}$ é um subconjunto de A, pois $a \in A$ e $o \in A$, mas não é um subconjunto de B, pois, como já observamos, $o \notin B$. Escrevemos $\{a, o\} \subset A$ e $\{a, o\} \not\subset B$.

A lista de todos os subconjuntos de B é $\{a, e, \{i, o\}\}$, $\{a, e\}$, $\{a, \{i, o\}\}$, $\{e, \{i, o\}\}$, $\{a\}$, $\{e\}$, $\{\{i, o\}\}$ e $\emptyset$. Será que o leitor consegue listar todos os subconjuntos do conjunto A? Serão $2^4 = 16$ subconjuntos (lembre-se que em um conjunto cada elemento figura apenas uma vez).

A lista de todos os subconjuntos de um dado conjunto recebe um nome especial, descrito na definição a seguir.

Definição 3.1.3

O *conjunto das partes* de X, indicado por $\wp(X)$, é o conjunto de todos os subconjuntos de X.

Em outros termos, os elementos do conjunto $\wp(X)$ são partes do conjunto X. Assim, afirmar que $A \in \wp(X)$ é equivalente a dizer que $A \subset X$. Em palavras, A é um elemento de $\wp(X)$ se, e somente se, A é um subconjunto de X. É importante notar que X e $\emptyset$ sempre são elementos de $\wp(X)$.

Por exemplo, para o conjunto $B = \{a,\ e,\ \{i, o\}\}$, temos:

$$\wp(B) = \{\{a, e, \{i, o\}\}, \{a, e\}, \{a, \{i, o\}\}, \{e, \{i, o\}\}, \{a\}, \{e\}, \{\{i, o\}\}, \emptyset\}.$$

ALGUNS CONJUNTOS NUMÉRICOS CONHECIDOS

Indicando o conjunto de todos os números naturais[1] por

$$\mathbb{N} = \{0,\ 1,\ 2,\ 3,\ 4,\ 5,\ 6, \ldots\}$$

e o conjunto dos números inteiros por

$$\mathbb{Z} = \{\ldots,\ -3,\ -2,\ -1,\ 0,\ 1,\ 2,\ 3,\ 4, \ldots\},$$

vemos que $\mathbb{N} \subset \mathbb{Z}$. Além disso, se

$$\mathbb{Q} = \left\{\frac{a}{b} \,\middle|\, a, b \in \mathbb{Z} \text{ e } b \neq 0\right\}$$

denota o conjunto de todos os números racionais, $\mathbb{R}$ o conjunto dos reais e

$$\mathbb{C} = \{a + bi \mid a, b \in \mathbb{R} \text{ e } i = \sqrt{-1}\}$$

o conjunto dos números complexos, temos a seguinte cadeia de *inclusões*:

$$\mathbb{N} \subset \mathbb{Z} \subset \mathbb{Q} \subset \mathbb{R} \subset \mathbb{C}.$$

- **Notação:** no caso em que o número zero é elemento do conjunto X, representamos por X^* o conjunto formado por todos os elementos de X excluindo-se o zero.

---

1 Historicamente falando, o número zero surgiu bem depois dos outros naturais. Entretanto, atualmente, considerá-lo ou não como um número natural é uma questão de conveniência. Nesta coleção, optamos por incluir o zero como um número natural por simplicidade e padronização de notação. Acerca desse assunto, [6] fornece uma explicação plausível.

Assim, para os conjuntos numéricos bem conhecidos, $\mathbb{N}^*$, $\mathbb{Z}^*$, $\mathbb{Q}^*$, $\mathbb{R}^*$ e $\mathbb{C}^*$ denotam, respectivamente, os conjuntos dos números naturais não nulos, dos números inteiros não nulos, dos racionais não nulos, dos reais não nulos e dos complexos não nulos.

IGUALDADE DE CONJUNTOS

Definição 3.1.4

Consideremos dois conjuntos X e Y. Dizemos que X é *igual* a Y se todo elemento de Y é também elemento de X e se todo elemento de X é também elemento de Y.

- **Notação:** escrevemos $X = Y$ quando os conjuntos X e Y são iguais.

  A notação introduzida logo após a Definição 3.1.1 fornece um critério para demonstrar a igualdade de conjuntos: dois conjuntos X e Y são iguais se, e somente se, $X \subset Y$ e $Y \subset X$. Em símbolos:

$$X = Y \Leftrightarrow X \subset Y \text{ e } Y \subset X.$$

Sem demora teremos oportunidades para usar esse critério.

Assim, vemos que os conjuntos A e B descritos anteriormente não podem ser iguais pois $i \in A$, mas $i \notin B$ (ou podemos também ver que $\{i, o\} \in B$, mas $\{i, o\} \notin A$). Escrevemos $A \neq B$.

Ainda, é correto escrever $\emptyset = \{\ \}$, mas incorreto $\emptyset = \{\emptyset\}$, uma vez que o conjunto $\{\emptyset\}$ possui um elemento, a saber, o conjunto $\emptyset$.

Para mostrarmos ao leitor em que tipo de situações se torna importante reconhecer a igualdade de dois conjuntos, considere que T é o conjunto de todos os números naturais que têm exatamente três divisores positivos. Notemos que $25 \in T$, pois 1, 5 e 25 são os únicos divisores positivos de 25. Agora consideremos que

$$V = \{p^2 \mid p \text{ é um número primo}\},$$

ou seja,

$$V = \{4, 9, 25, 49, 121, 169, 289, \ldots\}.$$

Qual a relação entre os conjuntos V e T? Refletindo um pouco a esse respeito, o leitor se convencerá de que $V = T$, ou seja, um número natural tem exatamente três divisores positivos se, e somente se, é o quadrado de algum número primo.

Outra situação: sendo S o conjunto de todos os números naturais que têm raiz quadrada inteira, ou seja,

$$S = \{0, 1, 4, 9, 16, 25, 36, 49, 64, 81, 100, \ldots\},$$

temos que $T \subset S$, isto é, todo número natural que tem exatamente três divisores positivos tem raiz quadrada inteira, mas $T \neq S$, pois $100 \notin T$, de modo que há elementos em S que não estão em T. Nesse caso, dizemos que T é um *subconjunto próprio* (ou uma *parte própria*) de S.

A forma usada para descrever o conjunto V citado anteriormente é a mais usada quando desejamos definir um conjunto, ou seja, frequentemente usamos a notação $\{a \in U \mid P(a)\}$ para colecionar todos os elementos do conjunto U que satisfazem a propriedade P. Por exemplo, os conjuntos T e S citados anteriormente podem ser definidos assim:

$$T = \{x \in \mathbb{N} \mid x \text{ tem exatamente três divisores positivos}\}$$

e

$$S = \{x \in \mathbb{N} \mid \sqrt{x} \in \mathbb{Z}\}.$$

3.2 OPERAÇÕES DE UNIÃO, INTERSEÇÃO E COMPLEMENTAR EM CONJUNTOS

UNIÃO DE CONJUNTOS

Definição 3.2.1

Sejam X e Y partes de um conjunto U. A *união* dos conjuntos X e Y, indicada por $X \cup Y$, é o conjunto $\{x \in U \mid x \in X \text{ ou } x \in Y\}$.

Exemplo 3.2.2

(a) Sejam A o conjunto das vogais da palavra *paralelepípedo* e B o conjunto $B = \{a, e, \{i, o\}\}$. A união $A \cup B$ é o conjunto $A \cup B = \{a, e, i, o, \{i, o\}\}$. Vale lembrar que o conectivo *ou* que aparece na definição acima não é exclusivo, ou seja, nada impede que um elemento que esteja simultaneamente nos conjuntos X e Y pertença à união $X \cup Y$, como é o caso dos elementos a e e, pertencentes a ambos os conjuntos dados.

(b) Sejam D o conjunto dos múltiplos de 2 e E o conjunto dos múltiplos de 3. A união $D \cup E$ é o conjunto dos múltiplos de 2 ou 3. Assim, vemos que 10 e 15 são elementos de $D \cup E$. Também os números 6, 12, 18 e infinitos outros são elementos de $D \cup E$. Note o leitor que: há infinitos elementos que estão apenas em D; há infinitos elementos que estão apenas em E; há infinitos elementos que estão simultaneamente em D e E; e, ainda, que todos eles pertencem a $D \cup E$.

(c) Sejam F o conjunto de todos os números naturais que são múltiplos de 5 e G o conjunto de todos os números naturais que não são múltiplos de 5. Assim, a união $F \cup G$ é igual a exatamente $\mathbb{N}$, uma vez que, dado um número natural, só há duas possibilidades: ser ou não ser múltiplo de 5. Nesse caso, note que não há elementos que pertençam simultaneamente a F e G.

- ***Observação***: segue diretamente da Definição 3.2.1 que, dada uma parte X de U, tem-se $X \subset X \cup Y$, para qualquer parte Y de U (convidamos o leitor a escrever uma justificativa para esse fato).

INTERSEÇÃO DE CONJUNTOS

Definição 3.2.3

Sejam X e Y partes de um conjunto U. A *interseção* dos conjuntos X e Y, indicada por $X \cap Y$, é o conjunto $\{x \in U \mid x \in X \text{ e } x \in Y\}$.

Exemplo 3.2.4

(a) Voltando aos conjuntos A e B do Exemplo 3.2.2(a), vemos que $A \cap B$ é o conjunto $A \cap B = \{a, e\}$.

(b) Voltando aos conjuntos D e E do Exemplo 3.2.2(b), vemos que $D \cap E$ é o conjunto de todos aqueles números que são, simultaneamente, múltiplos de 2 e de 3. Note que $D \cap E$ é precisamente o conjunto dos múltiplos de 6.

(c) Voltando aos conjuntos F e G do Exemplo 3.2.2(c), vemos que $F \cap G = \emptyset$.

(d) Vejamos outro caso de dois conjuntos que não possuem elementos em comum: consideremos L o conjunto de todos os números naturais cuja raiz quadrada não é um número racional, e T, como antes (Seção 3.1), é o conjunto de todos os números naturais que possuem exatamente três divisores. Como observamos anteriormente, todos os elementos do conjunto T possuem uma raiz quadrada inteira, de modo que esses elementos não podem estar em L. Nesse caso, temos que $L \cap T = \emptyset$.

- ***Observações***

  (i) Conjuntos que possuem por interseção o conjunto vazio são chamados *disjuntos*. No Exemplo 3.2.4, itens (c) e (d), F e G são disjuntos e L e T são disjuntos.

(ii) Segue diretamente da Definição 3.2.3 que, dadas duas partes X e Y de U, tem-se $X \cap Y \subset X$ e $X \cap Y \subset Y$ (convidamos o leitor a escrever uma justificativa para esse fato).

COMPLEMENTAR DE CONJUNTOS

Definição 3.2.5

Seja X uma parte de um conjunto U. O *complementar* de X em U, indicado por $C_U X$, é o conjunto $\{x \in U \mid x \notin X\}$.

O conjunto U a que se refere a definição acima é comumente chamado de *conjunto universo* (lembre-se que já tratamos dessa nomenclatura no Capítulo 1, em outro contexto). A noção de complementar de um conjunto X depende fortemente do universo onde este está inserido. Veja o exemplo a seguir.

Exemplo 3.2.6

(a) Seja $U = \{a, e, i, o, u\}$ o conjunto das vogais de nosso alfabeto. Considerando novamente A o conjunto das vogais da palavra *paralelepípedo*, temos $C_U A = \{u\}$. Mas, se considerarmos U como sendo formado por todas as letras de nosso alfabeto, teremos

$$C_U A = \{b, c, d, f, g, h, j, k, l, m, n, p, q, r, s, t, u, v, w, x, y, z\}.$$

(b) Sejam $U = \{a,\ e,\ i,\ o,\ \{i, o\}\}$ e $B = \{a,\ e,\ \{i, o\}\}$. Temos $C_U B = \{i, o\}$. Agora, considerando $U = \{a,\ e,\ \{i, o\}\}$, note que $C_U B = \varnothing$.

(Convidamos o leitor a escrever uma justificativa para este fato: se $U = X$, então $C_U X = \varnothing$.)

(c) Quando olhado no universo dos números reais, o complementar do conjunto dos números racionais, que inclui todos os números inteiros, os decimais exatos e as dízimas periódicas, é o conjunto dos números irracionais, que são os números decimais inexatos não periódicos; já quando visto sob o ângulo dos números complexos, o complementar dos racionais possui muitos outros elementos além dos números irracionais, por exemplo, o número $\sqrt{-1}$.

PROPRIEDADES

A seguir, enunciamos as principais propriedades das operações entre conjuntos. Apresentaremos a demonstração de apenas algumas das propriedades para ilustrar a linguagem que passaremos a usar.

Teorema 3.2.7

Sejam X, Y e Z partes de um conjunto U.

(1) $C_U(C_U X) = X$

(2) $X \cap X = X$

(3) $X \cap Y = Y \cap X$

(4) $(X \cap Y) \cap Z = X \cap (Y \cap Z)$

(5) $X \cap U = X$

(6) $X \cap \varnothing = \varnothing$

(7) $X \cup X = X$

(8) $X \cup Y = Y \cup X$

(9) $(X \cup Y) \cup Z = X \cup (Y \cup Z)$

(10) $X \cup U = U$

(11) $X \cup \varnothing = X$

(12) $X \cap (Y \cup Z) = (X \cap Y) \cup (X \cap Z)$

(13) $X \cup (Y \cap Z) = (X \cup Y) \cap (X \cup Z)$

(14) $C_U(X \cap Y) = C_U X \cup C_U Y$

(15) $C_U(X \cup Y) = C_U X \cap C_U Y$

(16) Se $X \subset Y$, então $C_U Y \subset C_U X$.

Demonstração

Demonstraremos apenas as propriedades (13), (15) e (16).

Para demonstrar a propriedade (13),

$$X \cup (Y \cap Z) = (X \cup Y) \cap (X \cup Z),$$

é importante que tenhamos em mente que queremos mostrar a igualdade de dois conjuntos. Como dissemos antes, para concluir que dois conjuntos A e B são iguais, devemos verificar que $A \subset B$ e que $B \subset A$. Para mostrar que $A \subset B$, devemos mostrar que todos os elementos de A são também elementos de B.

Suponhamos então que x seja um elemento de $X \cup (Y \cap Z)$. Pela definição de união de conjuntos, devemos ter $x \in X$ ou $x \in Y \cap Z$. No primeiro caso, $x \in X \cup Y$ e $x \in X \cup Z$, pois todo elemento de X é também elemento de $X \cup Y$ e de $X \cup Z$. No segundo, x é elemento de ambos Y e Z, de modo que, novamente, é elemento de $X \cup Y$ e de $X \cup Z$. Assim, em qualquer caso, $x \in (X \cup Y) \cap (X \cup Z)$.

Suponhamos agora que x seja um elemento de $(X \cup Y) \cap (X \cup Z)$ e mostremos que x está em $X \cup (Y \cap Z)$. Caso x pertença a X, estará também em $X \cup (Y \cap Z)$. Caso contrário, uma vez que x está em $X \cup Y$ e em $X \cup Z$, x deverá estar em Y e em Z, ou seja, $x \in Y \cap Z$, o que implica que $x \in X \cup (Y \cap Z)$.

Para demonstrar a propriedade (15),

$$C_U(X \cup Y) = C_U X \cap C_U Y,$$

consideremos x um elemento de U que esteja em $C_U(X \cup Y)$. Isso quer dizer que $x \notin X \cup Y$, de onde concluímos que $x \notin X$ e $x \notin Y$. Como $x \in U$, temos que $x \in C_U X$ e $x \in C_U Y$. Pela definição de interseção de dois conjuntos, vemos que $x \in C_U X \cap C_U Y$. Agora, como x é um elemento qualquer de $C_U(X \cup Y)$, somos levados a acreditar que

$$C_U(X \cup Y) \subset C_U X \cap C_U Y.$$

Por outro lado, seja x um elemento qualquer de U, e suponhamos que $x \in C_U X \cap C_U Y$. Daqui resulta que $x \in C_U X$ e $x \in C_U Y$, o que dá $x \notin X$ e $x \notin Y$. Mas então $x \notin X \cup Y$, e como $x \in U$, temos que $x \in C_U(X \cup Y)$. Logo,

$$C_U X \cap C_U Y \subset C_U(X \cup Y).$$

Agora, as inclusões

$$C_U(X \cup Y) \subset C_U X \cap C_U Y \text{ e } C_U X \cap C_U Y \subset C_U(X \cup Y)$$

implicam que

$$C_U(X \cup Y) = C_U X \cap C_U Y,$$

como queríamos demonstrar.

Por fim, demonstremos a propriedade (16), que afirma:

$$\text{se } X \subset Y, \text{ então } C_U Y \subset C_U X.$$

Consideremos x um elemento qualquer de U e suponhamos que $x \in C_U Y$. Conforme a definição de complementar, temos que $x \notin Y$. Agora, por hipótese, $X \subset Y$, e como $x \notin Y$, também temos que $x \notin X$. Portanto, $x \in U$ e $x \notin X$, o que leva a $x \in C_U X$. Por x ser um elemento arbitrário de U, mostramos com isso que qualquer elemento de $C_U Y$ é também elemento de $C_U X$, de modo que $C_U Y \subset C_U X$, como queríamos.

■

3.3 PRODUTOS CARTESIANOS E RELAÇÕES EM CONJUNTOS

PRODUTOS CARTESIANOS

Dissemos antes que consideramos o conceito de par ordenado como primitivo. Pois bem, é importante que se tenha em mente quando dois pares ordenados são iguais: os pares ordenados (a, b) e (c, d) são considerados iguais se, e somente se, $a = c$ e $b = d$. Também é importante que se faça distinção entre o par ordenado (a, b) e o conjunto $\{a, b\}$. Por exemplo, em contraste com a diferença entre os pares ordenados $(1,3) \neq (3,1)$, temos a igualdade entre os conjuntos $\{1,3\} = \{3,1\}$. Além disso, enquanto que $(4, 4)$ é um par ordenado em que o primeiro elemento (chamado de *abscissa* do par) e o segundo elemento (chamado de *ordenada* do par) são iguais, $\{4, 4\}$ é um conjunto com apenas um elemento, pois $\{4, 4\} = \{4\}$.

Definição 3.3.1

Sejam X e Y dois conjuntos. O *produto cartesiano* de X por Y, indicado por $X \times Y$, é o conjunto de pares ordenados $\{(x, y) \mid x \in X \text{ e } y \in Y\}$.

Exemplo 3.3.2

(a) Consideremos o caso em que $X = \{a,b,c\}$ e $Y = \{m,n\}$. Como o produto cartesiano $X \times Y$ é o conjunto de todos os pares ordenados com abscissa em X e ordenada em Y, temos:

$$X \times Y = \{(a,m), (a,n), (b,m), (b,n), (c,m), (c,n)\}.$$

Notemos que o par (n, a) não pertence a $X \times Y$. Se escrevermos o produto cartesiano $Y \times X$, então teremos o conjunto de todos os pares ordenados com abscissa em Y e ordenada em X e, assim,

$$Y \times X = \{(m, a), (n, a), (m, b), (n, b), (m, c), (n, c)\}.$$

Note que, como ilustrado neste exemplo, em geral, $X \times Y \neq Y \times X$.

Também podemos escrever o produto cartesiano $X \times X$, onde todos os pares ordenados têm abscissa e ordenada em X:

$$X \times X = \{(a, a), (a, b), (a, c), (b, a), (b, b), (b, c), (c, a), (c, b), (c, c)\}.$$

(b) Consideremos $X = \{1,3,5,7\}$ e $Y = \{2,3,4\}$. O produto cartesiano $X \times Y$ é o conjunto

$$X \times Y = \{(1,2), (1,3), (1,4), (3,2), (3,3), (3,4),$$
$$(5,2), (5,3), (5,4), (7,2), (7,3), (7,4)\}.$$

Notemos que o par $(2,3) \notin X \times Y$. O produto cartesiano $X \times Y$ pode ser representado por alguns pontos no *plano cartesiano* do seguinte modo:

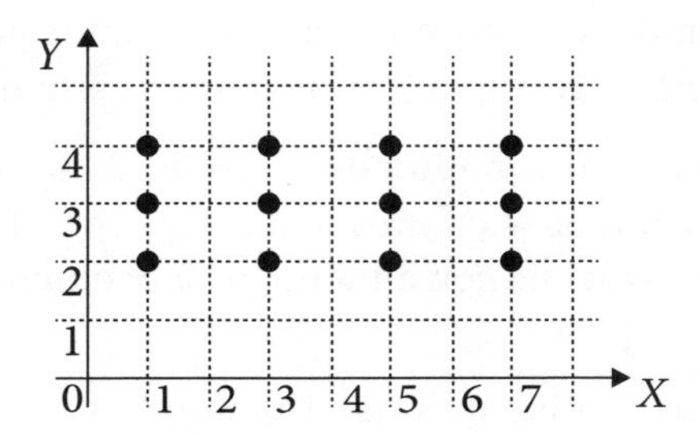

(c) Considerando $X = \{1,3,5,7\}$ e $Y = \{y \in \mathbb{R} \mid 2 \leq y \leq 4\}$, o produto cartesiano $X \times Y$ será representado no plano cartesiano por alguns segmentos de retas verticais:

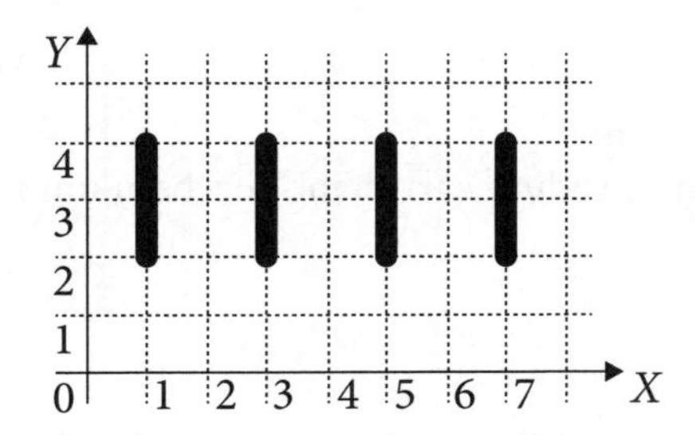

(d) Para os conjuntos $X = \{x \in \mathbb{R} \mid 1 \leq x \leq 7\}$ e $Y = \{y \in \mathbb{R} \mid 2 \leq y \leq 4\}$, o produto cartesiano $X \times Y$ será um retângulo:

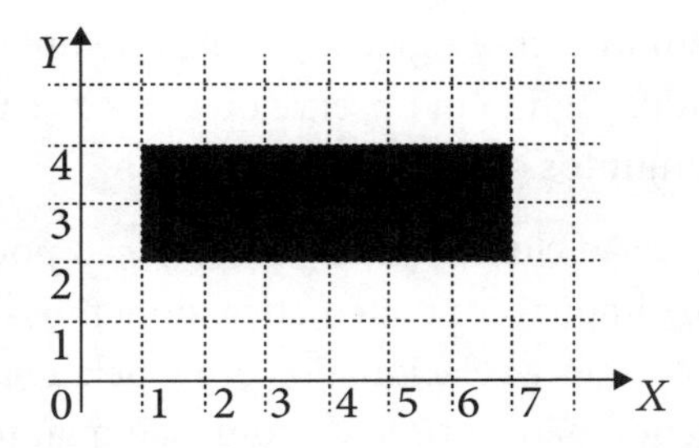

Tente imaginar como ficará o retângulo se invertermos a ordem no produto $Y \times X$. E como ficará o retângulo no caso em que os conjuntos X e Y forem iguais?

RELAÇÕES

Na Matemática e também em situações diversas de nosso cotidiano, estamos sujeitos a lidar com relações entre elementos de conjuntos, podendo ser relações entre os elementos de um conjunto com os elementos de outro conjunto ou mesmo relações definidas entre os elementos de um mesmo conjunto. Por exemplo:

- relacionar o conjunto formado pelos estudantes do Ensino Fundamental de uma escola (em que há alunos matriculados em todos os anos) com o conjunto dos anos que compõem o Ensino Fundamental, formando pares (aluno, ano) em que a cada aluno relacionamos o ano em que está matriculado;

  [Note que, se X denota o conjunto de todos os alunos do Ensino Fundamental dessa escola e Y o conjunto dos anos que compõem o Ensino Fundamental, então os pares formados acima constituem um subconjunto do produto cartesiano $X \times Y$.]

- relacionar os alunos de uma mesma turma do Ensino Fundamental, formando pares (menina, menino) quando os elementos dos pares nasceram no mesmo mês do ano (utilizamos o tipo do par e o mês do ano para "reger" a relação, e os elementos dos pares são tomados no mesmo conjunto).

  [Neste caso, se X denota o conjunto de todos os alunos da turma escolhida do Ensino Fundamental, os pares formados constituem um subconjunto do produto cartesiano $X \times X$.]

Os subconjuntos de um produto cartesiano recebem um nome especial:

Definição 3.3.3

Sejam X e Y dois conjuntos. Todo subconjunto S de $X \times Y$ é chamado de *relação de X em Y*.

Nessa definição, é comum chamarmos X de *conjunto de partida* e Y de *conjunto de chegada* da relação. Quando $X = Y$, dizemos que S é uma *relação sobre X* (veremos que relações desse tipo têm interesse especial). Note que uma relação de X em Y é um conjunto de pares ordenados. Também observe que $X \times Y$ e $\emptyset$ sempre são relações de X em Y (por serem subconjuntos de $X \times Y$).

Os pares ordenados que são elementos de uma relação podem ser tratados de diferentes maneiras. A título de linguagem matemática, podemos dizer que: o par ordenado (x, y) pertence à relação S; "x está relacionado com y pela relação S"; ou simplesmente "x se relaciona com y", quando não há risco de confusão quanto à relação utilizada.

Em símbolos, escrevemos: $(x, y) \in S$ e $(t, z) \notin S$ quando o par (x, y) pertence à relação S e o par (t, z) não pertence.

Exemplo 3.3.4

(a) Consideremos o caso em que $X=\{a,b,c\}$ e $Y=\{m,n\}$. Vimos que $X\times Y=\{(a,m),(a,n),(b,m),(b,n),(c,m),(c,n)\}$. Dessa forma, algumas relações de X em Y são:

$$S_1=\{(a,m)\},\ S_2=\{(b,n)\},\ S_3=\{(b,m),(c,n)\} \text{ e } S_4=\{(a,m),(b,n),(c,n)\}.$$

Notemos que $(b,m)\in S_3$, enquanto $(a,n)\notin S_4$. Para listar todas as relações de X em Y, basta lembrar a discussão que fizemos para as partes de um conjunto. Assim, todas as relações de $X\times Y$ podem ser encontradas no conjunto $\wp(X\times Y)$, que possui $2^6 = 64$ elementos.

(b) Consideremos $X=\{1,3,5,7\}$ e $Y=\{2,3,4\}$, para os quais:

$$\begin{aligned}X\times Y=\{&(1,2),(1,3),(1,4),(3,2),(3,3),(3,4),\\&(5,2),(5,3),(5,4),(7,2),(7,3),(7,4)\}.\end{aligned}$$

Algumas relações de X em Y são:

$$\begin{gathered}\{(1,2)\},\{(1,3)\},\{(3,2),(3,3)\},\{(1,4),(5,2),(5,4),(7,3)\},\\\{(7,2),(7,3),(7,4)\},\ X\times Y,\ \varnothing.\end{gathered}$$

(c) Consideremos $X=\{-1,0\}$. Listamos todas as relações sobre X (todos os subconjuntos de $X\times X$):

$$\begin{aligned}&\{(-1,-1)\},\ \{(-1,0)\},\ \{(0,-1)\},\ \{(0,0)\},\ \{(-1,-1),(-1,0)\},\\&\{(-1,-1),(0,-1)\},\ \{(-1,-1),(0,0)\},\ \{(-1,0),(0,-1)\},\ \{(-1,0),(0,0)\},\\&\{(0,-1),(0,0)\},\ \{(-1,-1),(-1,0),(0,-1)\},\ \{(-1,-1),(-1,0),(0,0)\},\\&\{(-1,-1),(0,-1),(0,0)\},\ \{(-1,0),(0,-1),(0,0)\},\ X\times X,\ \varnothing.\end{aligned}$$

GRÁFICO DE UMA RELAÇÃO

Quando X e Y são subconjuntos do conjunto dos números reais, podemos representar os pontos da relação S no plano cartesiano, obtendo o que chamamos de *gráfico* da relação S. Vejamos um exemplo.

Exemplo 3.3.5

Se X é o conjunto dos números inteiros e Y é o conjunto dos números naturais, então o conjunto

$$S = \{(x, y) \in \mathbb{Z} \times \mathbb{N} \mid x^2 + y^2 = 25\}$$

é uma relação de $\mathbb{Z}$ em $\mathbb{N}$. Podemos listar todos os elementos de S:

$$S = \{(-5,0), (-4,3), (-3,4), (0,5), (3,4), (4,3), (5,0)\}.$$

Nesse caso podemos dizer que $(-5,0) \in S$; que "-5 está relacionado com 0 pela relação S" ou simplesmente que "-5 se relaciona com 0".

Notemos que os elementos de S são aqueles pontos de coordenadas inteiras localizados na semicircunferência superior da figura a seguir, os quais formam o gráfico de S.

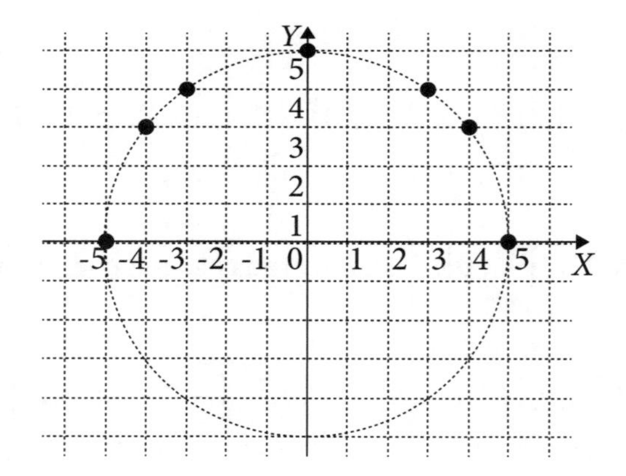

Exemplo 3.3.6

Agora, se X e Y são iguais ao conjunto dos números reais, então a relação $S = \{(x, y) \in \mathbb{R} \times \mathbb{R} \mid x^2 + y^2 = 25\}$ de $\mathbb{R}$ em $\mathbb{R}$ é constituída de todos os pontos da circunferência da figura anterior, sendo esta o gráfico de S. Nesse caso, temos infinitos elementos em S, sendo impossível listá-los ponto a ponto como fizemos anteriormente.

DOMÍNIO E IMAGEM DE UMA RELAÇÃO

Vimos nos exemplos anteriores que nem todos os elementos dos conjuntos X e Y formam par em uma relação. O conjunto dos elementos com essa propriedade recebe um nome especial.

Definição 3.3.7

Sejam X e Y dois conjuntos e S uma relação de X em Y. O *domínio* e a *imagem* de S são, respectivamente, os conjuntos

$$D(S) = \{x \in X \mid (x, y) \in S \text{ para algum } y \in Y\}$$

e

$$\text{Im}(S) = \{y \in Y \mid (x, y) \in S \text{ para algum } x \in X\}.$$

Vale notar que o domínio de uma relação de X em Y é um subconjunto de X, enquanto que a imagem é um subconjunto de Y.

Exemplo 3.3.8

(a) Em nossos exemplos na introdução desta seção sobre relações, temos:

- No primeiro caso, o domínio da relação é formado por todos os estudantes do Ensino Fundamental daquela escola e a imagem por todos os anos que compõem o Ensino Fundamental.
- No segundo caso, o domínio é formado pelas meninas daquela turma escolhida para as quais há um menino fazendo aniversário no mesmo mês e a imagem é formada pelos meninos da turma para os quais há uma menina fazendo aniversário no mesmo mês.

(b) Sejam $X = \{x, y, z\}$ e $Y = \{a, b\}$ e consideremos as seguintes relações de X em Y:

$$S_1 = \{(x,a), (y,a), (z,a)\} \text{ e } S_2 = \{(x,a), (x,b), (y,b)\}.$$

Temos:

$$D(S_1) = \{x, y, z\}, \text{ Im}(S_1) = \{a\} \text{ e } D(S_2) = \{x, y\}, \text{ Im}(S_2) = \{a, b\}.$$

(c) Para o Exemplo 3.3.5, temos:

$$D(S) = \{-5, -4, -3, 0, 3, 4, 5\} \text{ e } \text{Im}(S) = \{0, 3, 4, 5\}.$$

Já no Exemplo 3.3.6,

$$D(S) = \{x \in \mathbb{R} \mid -5 \leq x \leq 5\} \text{ e } \text{Im}(S) = \{y \in \mathbb{R} \mid -5 \leq y \leq 5\}.$$

Exemplo 3.3.9

(a) Consideremos novamente o caso em que X e Y são ambos o conjunto dos números reais e definamos a relação $S=\{(x,y)\in\mathbb{R}\times\mathbb{R}\mid x+2y=15\}$ de $\mathbb{R}$ em $\mathbb{R}$. Será que o número real 8 está no domínio dessa relação? Para que isso ocorra, é necessário que exista um número $y\in Y$ tal que $(8,y)\in S$. Isso ocorrerá se, e somente se, $8+2y=15$. Resolvendo essa equação, obtemos $y=\frac{7}{2}\in\mathbb{R}$. Assim, o número 8 está no domínio de S. Em verdade, dado qualquer número real x_0, temos que a equação $x_0+2y=15$ possui solução real $y=\frac{15-x_0}{2}$, de modo que $D(S)=\mathbb{R}$. Um raciocínio análogo mostrará que $\text{Im}(S)=\mathbb{R}$.

(b) Agora, se X e Y são ambos iguais ao conjunto dos números naturais e $S=\{(x,y)\in\mathbb{N}\times\mathbb{N}\mid x+2y=15\}$, vemos que $8\notin D(S)$, pois $y=\frac{7}{2}\notin\mathbb{N}$. O leitor pode verificar que:

$$D(S)=\{1,3,5,7,9,11,13,15\} \text{ e } \text{Im}(S)=\{0,1,2,3,4,5,6,7\}.$$

RELAÇÕES DE EQUIVALÊNCIA

Vimos que é natural definir uma relação S de um conjunto X nele mesmo. Relações desse tipo merecem destaque e serão discutidas a partir de agora. Nosso interesse aqui é descrever um tipo bastante especial de relação: a *relação de equivalência*. O conceito de relação de equivalência aparece em uma posição de grande destaque na Matemática.

Definição 3.3.10

Dizemos que a relação S sobre um dado conjunto não vazio X é uma *relação de equivalência* sobre X se S satisfaz as propriedades a seguir.

- $(x,x)\in S$, para todo $x\in X$ (*propriedade reflexiva*).
- Se x e y são elementos de X tais que $(x,y)\in S$, então $(y,x)\in S$ (*propriedade simétrica*).
- Se x, y e z são elementos de X tais que $(x,y)\in S$ e $(y,z)\in S$, então $(x,z)\in S$ (*propriedade transitiva*).

Qual é o domínio de uma relação que satisfaz as condições da Definição 3.3.10? Com um olhar na Definição 3.3.7, a propriedade reflexiva fornece a resposta: $D(S)=X$. Da mesma maneira, $\text{Im}(S)=X$.

Para a investigação de propriedades em relações sobre um conjunto X finito e possuindo "poucos" elementos, é útil a representação por meio de *diagramas de flechas*. Apresentaremos um pouco de tal representação no Apêndice deste capítulo.

O leitor encontrará muitos exemplos interessantes de relação de equivalência na lista de exercícios no final deste capítulo. Os exemplos dados a seguir têm o objetivo de ilustrar como provamos que uma dada relação é de equivalência.

Exemplo 3.3.11

Consideremos $X = \{1,2,3,4\}$ e definamos sobre X a relação

$$S = \{(1,1),\ (2,2),\ (3,3),\ (4,4),\ (1,2),\ (2,1),\ (1,3),\ (3,1),\ (2,3), (3,2)\}.$$

Afirmamos que S é uma relação de equivalência sobre X.

De fato, S é reflexiva: os pares $(1,1)$, $(2,2)$, $(3,3)$, $(4,4)$ pertencem à relação. Para ver que S é simétrica, basta ver que a todo par da forma (x, y) corresponde outro da forma (y, x) em S. Agora, para verificar a propriedade transitiva, aplicamos a definição, analisando:

$(1,1)$ com $(1,2)$ para ver $(1,2)$ em S;

$(1,1)$ com $(1,3)$ para ver $(1,3)$ em S;

$(2,2)$ com $(2,1)$ para ver $(2,1)$ em S;

$(2,2)$ com $(2,3)$ para ver $(2,3)$;

$(3,3)$ com $(3,1)$ para ver $(3,1)$;

$(3,3)$ com $(3,2)$ para ver $(3,2)$;

$(1,2)$ com $(2,2)$ para ver $(1,2)$;

$(1,2)$ com $(2,1)$ para ver $(1,1)$;

$(1,2)$ com $(2,3)$ para ver $(1,3)$;

$(2,1)$ com $(1,1)$ para ver $(2,1)$;

$(2,1)$ com $(1,2)$ para ver $(2,2)$;

$(2,1)$ com $(1,3)$ para ver $(2,3)$;

$(1,3)$ com $(3,3)$ para ver $(1,3)$;

$(1,3)$ com $(3,1)$ para ver $(1,1)$;

$(1,3)$ com $(3,2)$ para ver $(1,2)$;

$(3,1)$ com $(1,1)$ para ver $(3,1)$;

$(3,1)$ com $(1,2)$ para ver $(3,2)$;

$(3,1)$ com $(1,3)$ para ver $(3,3)$;

$(2,3)$ com $(3,3)$ para ver $(2,3)$;

$(2,3)$ com $(3,1)$ para ver $(2,1)$;

$(2,3)$ com $(3,2)$ para ver $(2,2)$;

$(3,2)$ com $(2,2)$ para ver $(3,2)$;

$(3,2)$ com $(2,1)$ para ver $(3,1)$;

$(3,2)$ com $(2,3)$ para ver $(3,3)$.

Exemplo 3.3.12

Seja X o conjunto de todos os números inteiros. Dados $x, y \in X$, definamos $S = \{(x,y) \in \mathbb{Z} \times \mathbb{Z} \mid x - y \text{ é par}\}$. Afirmamos que S é uma relação de equivalência sobre $\mathbb{Z}$. De fato:

- Como $x - x = 0$ é um inteiro par, temos que $(x,x) \in S$ para todo $x \in \mathbb{Z}$ e, assim, a relação S é reflexiva.
- Suponhamos que $(x,y) \in S$ para dados $x, y \in \mathbb{Z}$. Isso significa que $x - y$ é par e, portanto, temos que $y - x = -(x - y)$ é também um número par, pois o oposto de qualquer número inteiro par é novamente par. Assim, $(y,x) \in S$ e S é simétrica.
- Agora suponhamos que $(x,y) \in S$ e $(y,z) \in S$ para dados $x, y, z \in \mathbb{Z}$. Dessa forma, os números $x - y$ e $y - z$ são ambos pares. Verificando que $x - z = (x - y) + (y - z)$, concluímos que $x - z$ é par por ser a soma entre dois números pares – veja o Exercício 18(a) deste capítulo. Portanto, $(x,z) \in S$ e S é transitiva.

Finalmente, podemos concluir que a relação S é uma relação de equivalência sobre $\mathbb{Z}$.

Exemplo 3.3.13

Consideremos o caso em que X é o conjunto dos números inteiros não nulos e

$$S = \left\{(x,y) \in \mathbb{Z}^* \times \mathbb{Z}^* \mid \text{existe algum } n \in \mathbb{Z} \text{ tal que } \frac{x}{y} = 2^n\right\}.$$

Nossa intenção é mostrar que S é uma relação de equivalência sobre $\mathbb{Z}^*$.

- Para verificarmos a propriedade reflexiva, temos que escolher um elemento $x \in \mathbb{Z}^*$ qualquer e mostrar que $(x,x) \in S$, ou seja, que existe um número inteiro n tal que $\frac{x}{x} = 2^n$. Como $\frac{x}{x} = 1$, vemos que basta tomarmos $n = 0$.

- Para verificarmos a propriedade simétrica, supomos inicialmente que $(x, y) \in S$, o que significa que existe um número inteiro, que denotaremos por n_0, tal que

$$\frac{x}{y} = 2^{n_0}. \tag{1}$$

Nosso objetivo é, então, verificar que $(y, x) \in S$, o que é feito encontrando-se um número inteiro n tal que:

$$\frac{y}{x} = 2^{n}. \tag{2}$$

A situação que se passa aqui é a seguinte: o número n_0 é "conhecido" e o número n é procurado; para encontrá-lo, basta notar que:

$$\frac{y}{x} = \left(\frac{x}{y}\right)^{-1} = \left(2^{n_0}\right)^{-1} = 2^{-n_0}. \tag{3}$$

Comparando-se as igualdades (2) e (3), vemos que basta tomarmos $n = - n_0$. Assim, a relação é simétrica.

- Para verificarmos a propriedade transitiva, supomos inicialmente que $(x, y) \in S$ e que $(y, z) \in S$, o que significa que existem $n_0, n_1 \in \mathbb{Z}$, tais que

$$\frac{x}{y} = 2^{n_0} \tag{4}$$

e

$$\frac{y}{z} = 2^{n_1}. \tag{5}$$

Devemos mostrar que $(x, z) \in S$, o que significa encontrar um inteiro n tal que:

$$\frac{x}{z} = 2^{n}. \tag{6}$$

Multiplicando-se as igualdades (4) e (5), obtemos

$$\frac{x}{y} \cdot \frac{y}{z} = 2^{n_0} \cdot 2^{n_1}$$

e vemos que o fator y irá se cancelar e teremos

$$\frac{x}{z} = 2^{n_0+n_1}.$$

Assim, basta tomarmos $n = n_0 + n_1$ para obtermos (6) e concluirmos que a relação é transitiva e, portanto, uma relação de equivalência sobre $\mathbb{Z}^*$.

- **Notação:** para representar o fato de que o par (x, y) está na relação de equivalência S sobre o conjunto X, é comum usarmos a notação $x \equiv y \pmod{S}$, que é lida assim: x é *equivalente* a y *módulo* S, ou simplesmente x é *equivalente* a y.

  No Exemplo 3.3.13, vemos que os números 48 e 3 são equivalentes pois $\frac{48}{3} = 16 = 2^4$ e, então, escrevemos $48 \equiv 3 \pmod{S}$.

Exemplo 3.3.14

Consideremos o caso em que X é o conjunto dos números inteiros não nulos e $S = \{(x, y) \in \mathbb{Z}^* \times \mathbb{Z}^* \mid \text{mdc}(x, y) = 1\}$, em que mdc$(x, y)$ representa o maior divisor comum dos elementos x e y.

É fácil ver que a relação S é simétrica, pois $\text{mdc}(x, y) = \text{mdc}(y, x)$ (assim, se $x, y \in \mathbb{Z}^*$ satisfazem $\text{mdc}(x, y) = 1$, então $\text{mdc}(y, x) = 1$). Mas a relação não é reflexiva: basta notar que, por exemplo, $\text{mdc}(7,7) \neq 1$, em que $(7,7) \notin S$; também não é transitiva, pois, embora $\text{mdc}(10,21) = 1$ e $\text{mdc}(21,55) = 1$, temos $\text{mdc}(10,55) = 5 \neq 1$. Assim, S não é uma relação de equivalência sobre $\mathbb{Z}^*$.

CLASSES DE EQUIVALÊNCIA E CONJUNTO QUOCIENTE

Definição 3.3.15

Seja S uma relação de equivalência sobre um conjunto não vazio X e seja $x \in X$. A *classe de equivalência* de x segundo a relação S, denotada por $C_S(x)$, é o conjunto $\{y \in X \mid y \equiv x \pmod{S}\}$.

Em palavras, $C_S(x)$ é o conjunto de todos os elementos de X que são equivalentes a x segundo a relação S, ou, ainda, o conjunto de todos os elementos de X que se relacionam com x pela relação S. Outra maneira de escrever esse conjunto é na forma

$$C_S(x) = \{y \in X \mid (y, x) \in S\}.$$

Definição 3.3.16

O conjunto formado pelas classes de equivalência módulo S é chamado *conjunto quociente de X por S* e é denotado por X / S.

Exemplo 3.3.17

Consideremos novamente a relação de equivalência do Exemplo 3.3.12 e busquemos determinar a classe de equivalência de cada número inteiro. Por razões de praticidade, iniciemos nossa investigação pela $C_S(0) = \{y \in X \mid y \equiv 0 \pmod S\}$. Pela definição da relação S, $y \equiv 0 \pmod S$ se, e somente se, $y - 0 = y$ é par. Assim, é fácil ver que $C_S(0) = \{\ldots, -8, -6, -4, -2, 0, 2, 4, 6, \ldots\}$. Da mesma maneira, para determinarmos $C_S(1) = \{y \in X \mid y \equiv 1 \pmod S\}$, basta encontrarmos todos os inteiros y tais que $y - 1$ é um inteiro par. Também não é difícil ver que qualquer inteiro ímpar satisfaz tal condição, ou seja, $C_S(1) = \{\ldots, -7, -5, -3, -1, 1, 3, 5, 7, 9, \ldots\}$. Agora, e se tentarmos obter $C_S(2)$? E $C_S(3)$? Para $C_S(2)$, devemos determinar todos os inteiros y tais que $y - 2$ é um número par e, para $C_S(3)$, devemos determinar aqueles números inteiros y tais que $y - 3$ é par. No primeiro caso temos novamente o conjunto de todos os inteiros pares e, no segundo caso, temos o conjunto dos inteiros ímpares. Não há grandes surpresas aqui: temos que $C_S(n) = C_S(0)$ toda vez que n for par e $C_S(n) = C_S(1)$ sempre que n for ímpar. Nesse caso, podemos escrever o conjunto quociente de $\mathbb{Z}$ por S como $\mathbb{Z}/S = \{C_S(0), C_S(1)\}$.

Uma observação a respeito do exemplo anterior é que a relação S definida sobre o conjunto dos números inteiros estabeleceu em $\mathbb{Z}$ uma "separação" de seus elementos em apenas dois subconjuntos, a saber, aquele formado pelos números pares e o outro formado pelos números ímpares. O interessante é que a união entre esses dois subconjuntos nos dá exatamente $\mathbb{Z}$ e eles não possuem sequer um elemento em comum.

Exemplo 3.3.18

Voltando à relação de equivalência dada no Exemplo 3.3.13, vamos encontrar todos os elementos da classe de equivalência do número 3, ou seja, determinaremos o conjunto $C_S(3) = \{y \in X \mid y \equiv 3 \pmod S\}$. Já vimos que 48 é um elemento de $C_S(3)$; pela propriedade reflexiva, também o é o próprio número 3. Um número inteiro não nulo y está em $C_S(3)$ se, e somente se, $\frac{y}{3} = 2^n$ para algum inteiro n, ou, equivalentemente, se $y = 3 \cdot 2^n$ para algum n. Fazendo n percorrer o conjunto dos inteiros, obtemos todos os elementos de $C_S(3) = \{3, 6, 12, 24, 48, \ldots\}$.

E a classe de equivalência do número 2? Um procedimento análogo mostra que $C_S(2) = \{1, 2, 4, 8, 16, \ldots\}$ é o conjunto das potências de 2. O leitor pode observar que os elementos de $C_S(3)$ podem ser obtidos multiplicando-se cada elemento de $C_S(2)$ por 3. Isso é verdade também para a classe de equivalência do 5 ($C_S(5) = \{5, 10, 20, 40, 80, \ldots\}$), do 7 ($C_S(7) = \{7, 14, 28, 56, 112, \ldots\}$), e de qualquer outro número, por exemplo, $C_S(-3) = \{-3, -6, -12, -24, -48, \ldots\}$. Observemos ainda que $C_S(4)$ é igual a $C_S(2)$ e que $C_S(2)$ e $C_S(5)$ não têm nem mesmo um só elemento em comum.

Listando mais classes de equivalência, podemos observar que se um número já ocorreu em uma das classes, então a sua classe é exatamente igual àquela em que ele ocorreu; também notamos que classes distintas não possuem elementos comuns; elas são sempre disjuntas. Como no exemplo anterior, se reunirmos todas as classes de equivalência, teremos todo o conjunto $\mathbb{Z}^*$. Esses fatos são casos particulares do teorema a seguir.

Teorema 3.3.19 (*Teorema fundamental das relações de equivalência*)

Sejam X um conjunto não vazio e S uma relação de equivalência sobre X. Então:

(a) $C_S(x) \neq \emptyset$, para todo $x \in X$.

(b) Se $y \in C_S(x)$, então $x \in C_S(y)$.

(c) Dados dois elementos $x, y \in X$, ou $C_S(x) = C_S(y)$, ou $C_S(x) \cap C_S(y) = \emptyset$.

(d) $X = \bigcup_{x \in X} C_S(x)$.

Demonstração

Algumas verificações são bastante simples:

(a) Basta notar que, pela propriedade reflexiva, dado qualquer $x \in X$, pelo menos o próprio x está em $C_S(x)$, em que $C_S(x) \neq \emptyset$ para todo $x \in X$.

(b) É consequência imediata da definição de classe de equivalência e da propriedade simétrica, veja: uma vez que $y \in C_S(x)$, por definição, $y \equiv x \pmod S$, ou seja, $(y, x) \in S$ e, pela simetria, $(x, y) \in S$, em que $x \equiv y \pmod S$ e $x \in C_S(y)$.

(c) Inicialmente observamos que a propriedade a ser demonstrada trata de uma disjunção exclusiva (veja o Capítulo 1). Provaremos que se $C_S(x) \cap C_S(y) \neq \emptyset$, então $C_S(x) = C_S(y)$. Supondo $C_S(x) \cap C_S(y) \neq \emptyset$, podemos tomar um elemento $a \in C_S(x) \cap C_S(y)$. Como a está em $C_S(x)$ e em $C_S(y)$, concluímos que a é equivalente tanto a x quanto a y módulo S. Pela simetria e transitividade de S, temos $x \equiv y \pmod S$. Escolhamos agora um elemento $b \in C_S(x)$ qualquer. Então, $b \equiv x \pmod S$; e, como $x \equiv y \pmod S$, usamos novamente a transitividade para concluir que $b \equiv y \pmod S$, de modo que $b \in C_S(y)$, o que mostra que $C_S(x) \subset C_S(y)$. Seguindo um raciocínio completamente análogo, mostramos que $C_S(y) \subset C_S(x)$, o que nos dá $C_S(x) = C_S(y)$, como queríamos.

(d) A notação $\bigcup_{x \in X} C_S(x)$ representa a união das classes de equivalência de todos os elementos de X, sendo assim $\bigcup_{x \in X} C_S(x)$ um subconjunto de X. Como cada elemento de X está em alguma classe, a união $\bigcup_{x \in X} C_S(x)$ contém todos os elementos de X. Portanto, $X = \bigcup_{x \in X} C_S(x)$.

■

Uma observação final: os itens (c) e (d) do Teorema 3.3.19 mostram que, eliminando as classes de equivalência que são iguais na união $\bigcup_{x \in X} C_S(x)$, podemos escrever o conjunto X como união disjunta de classes de equivalência. Esse fato é de grande importância, conforme a experiência mostrará ao leitor. Isso será formalizado a seguir.

Este momento é altamente oportuno para que o leitor procure resolver os Exercícios 23, 31 e 36 deste capítulo.

PARTIÇÃO DE UM CONJUNTO

Definição 3.3.20

Seja X um conjunto não vazio. Dizemos que uma classe $\mathcal{F}$ de subconjuntos não vazios de X é uma *partição* de X quando:

- dois membros quaisquer de $\mathcal{F}$ ou são iguais ou são disjuntos;
- a união de todos os membros de $\mathcal{F}$ é igual a X.

Exemplo 3.3.21

$\mathcal{F} = \{\{0,1,3\},\{4\},\{5,6\}\}$ é uma partição do conjunto $X = \{0,1,3,4,5,6\}$.

Exemplo 3.3.22

(a) Uma partição muito simples de $\mathbb{Z}$, definida pela relação de equivalência do Exemplo 3.3.12, é dada por $\mathcal{F} = \{C_S(0), C_S(1)\}$ (conforme vimos no Exemplo 3.3.17).

(b) Para a relação de equivalência do Exemplo 3.3.13, no Exemplo 3.3.18, listamos alguns elementos da partição que ela estabelece sobre $\mathbb{Z}^*$. Foram as classes $C_S(2)$, $C_S(3)$, $C_S(5)$ e $C_S(7)$. Convidamos o leitor a determinar os elementos de outras classes. O que você observa? Consegue ter uma ideia de uma partição definida por aquela relação?

Um fato bem interessante é que uma relação de equivalência definida sobre um conjunto não vazio X sempre determina uma partição desse conjunto e, também, dada uma partição do conjunto X, é possível estabelecer sobre X uma relação de equivalência associada a essa partição. Esse é o assunto de nossos dois próximos resultados.

Teorema 3.3.23

Se S é uma relação de equivalência definida sobre um conjunto não vazio X, então o conjunto quociente X / S é uma partição de X.

Demonstração

Isso é exatamente o que demonstramos nos itens (c) e (d) do Teorema 3.3.19.

■

Teorema 3.3.24

Se $\mathcal{F}$ é uma partição de um conjunto não vazio X, então existe uma relação de equivalência S definida sobre X de modo que o conjunto quociente X / S é igual a $\mathcal{F}$.

Demonstração

Definamos sobre X a seguinte relação:

$$S = \{(x, y) \in X \times X \mid \text{existe } F \in \mathcal{F} \text{ tal que } x \in F \text{ e } y \in F\}.$$

Em palavras, dois elementos x e y se relacionam pela relação S quando existe um membro da partição $\mathcal{F}$ que contém x e y. Nosso objetivo é verificar que S é uma relação de equivalência sobre X e que o conjunto quociente X / S é igual a $\mathcal{F}$. Temos:

- Para todo $x \in X$, existe um membro F em $\mathcal{F}$ tal que $x \in F$, pois sendo $\mathcal{F}$ uma partição do conjunto X, a união de todos os seus membros resulta todo o conjunto X. Assim, é trivial afirmar que x se relaciona consigo mesmo. Portanto, S é reflexiva.
- Suponhamos que $x, y \in X$ são tais que $(x, y) \in S$. Isso significa que existe F em $\mathcal{F}$ tal que $x \in F$ e $y \in F$. Claramente, podemos dizer também $y \in F$ e $x \in F$ e, assim, $(y, x) \in S$. Logo, a relação é simétrica.
- Agora suponhamos que $x, y, z \in X$ são tais que $(x, y), (y, z) \in S$. Pela definição de S, existem F_1 e F_2 em $\mathcal{F}$ tais que $x \in F_1$ e $y \in F_1$; $y \in F_2$ e $z \in F_2$. Como $F_1 \cap F_2 \neq \emptyset$, pois y está em ambos, segue, pelo fato de $\mathcal{F}$ ser uma partição, que $F_1 = F_2$. Portanto, $x, z \in F_1 = F_2$, o que significa que $(x, z) \in S$ e, assim, a relação é transitiva.

Concluímos que S é uma relação de equivalência e o fato de o conjunto quociente X / S ser igual a $\mathcal{F}$ segue diretamente da definição de S.

■

A demonstração anterior é muito instrutiva, no sentido de que nos diz como obter uma relação de equivalência conhecendo-se uma partição do conjunto X. Basta listar todos os pares ordenados formados entre os elementos pertencentes a um mesmo membro da partição e não formar pares ordenados envolvendo elementos de diferentes membros.

Exemplo 3.3.25

Consideremos $\mathcal{F} = \{\{-2, -1\}, \{0\}, \{1, 2, 3\}\}$ uma partição do conjunto $X = \{-2, -1, 0, 1, 2, 3\}$. Podemos associar a essa partição a seguinte relação de equivalência:

$$S = \{(-2,-2), (-2,-1),(-1,-2),(-1,-1),(0,0),(1,1),$$
$$(1,2),(2,1),(2,2),(2,3),(3,2),(3,3),(1,3),(3,1)\}$$

em que o conjunto quociente é dado por

$$X / S = \{C_S(-2) = C_S(-1) = \{-2,-1\}, C_S(0) = \{0\},\ C_S(1) = C_S(2) = C_S(3) = \{1,2,3\}\} = \mathcal{F}.$$

RELAÇÕES DE ORDEM

Ainda há outro tipo de relação definida sobre um conjunto X cujo estudo se faz interessante: *a relação de ordem*. Muitas teorias dentro da Matemática consideram fortemente a existência de tais relações em seu desenvolvimento. Certamente não faltará ao leitor oportunidades de se aventurar nesse contexto. Por exemplo, desde a escola primária tratamos "comparações" entre números naturais, podendo com certa facilidade dizer se um número natural é "maior que" ou "menor que" outro. Mas o que há de interessante em "comparar" números naturais dessa maneira?

Definição 3.3.26

Dizemos que a relação S sobre um dado conjunto não vazio X é uma *relação de ordem parcial* sobre X se S satisfaz as propriedades a seguir.

- $(x,x) \in S$, para todo $x \in X$ (*propriedade reflexiva*).
- Se x e y são elementos de X tais que $(x,y) \in S$ e $(y,x) \in S$, então $x = y$ (*propriedade antissimétrica*).
- Se x, y e z são elementos de X tais que $(x,y) \in S$ e $(y,z) \in S$, então $(x,z) \in S$ (*propriedade transitiva*).

Podemos reescrever a propriedade antissimétrica de outra maneira equivalente:

- Para todos $x, y \in X$, se $x \neq y$ então $(x,y) \notin S$ ou $(y,x) \notin S$.

Vale comentar que, de acordo com a propriedade reflexiva, para uma relação que satisfaz as condições da Definição 3.3.26, é válido que $D(S) = X$ e $\text{Im}(S) = X$. Além disso, chamamos a atenção para a interpretação da propriedade antissimétrica, que não deve ser confundida com "não simétrica". A simetria significa que toda vez que o par (x,y) pertencer a S devemos ter que (y,x) também pertence. Já a antissimetria diz que não pode ocorrer em uma mesma relação S que ambos os pares (x,y) e (y,x) pertençam a S para elementos distintos x e y. Portanto, uma relação S pode perfeitamente ser simétrica e antissimétrica ao mesmo tempo ou não ser simétrica nem antissimétrica (veja o Exercício 25 deste capítulo).

Definição 3.3.27

Um conjunto não vazio X sobre o qual está definida uma relação de ordem parcial é chamado *parcialmente ordenado.*

- **Notação:** quando S é uma relação de ordem parcial definida sobre X, para exprimirmos que $(x, y) \in S$ escreveremos $x \leq y$ (S), que significa "*x precede y* na relação S". Assim, sendo S uma relação de ordem parcial, são equivalentes:

  $(x, y) \in S$;

  x se relaciona com y pela relação S;

  $x \leq y$ (S);

  x precede y na relação S.

No caso em que $(x, y) \in S$ e $x \neq y$, escrevemos $x < y$ (S), que significa "*x precede y estritamente* na relação S".

Observamos que o símbolo $\leq$ utilizado aqui não deve ser confundido com o nosso já familiarizado "menor que ou igual a". Exatamente por isso utilizamos $x \leq y$ (S) para indicar que x precede y na relação S. Nas ocasiões em que não houver risco de confusão quanto à relação considerada, poderemos escrever simplesmente $x \leq y$ com esse mesmo objetivo.

Exemplo 3.3.28

Consideremos $X = \{1,2,3,4\}$ e definamos sobre X a relação $S = \{(1,1),(2,2),(3,3),$ $(4,4),(1,2),(1,3),(3,2)\}$. Afirmamos que S é uma relação de ordem parcial sobre X.

De fato, S é reflexiva: os pares $(1,1)$, $(2,2)$, $(3,3)$, $(4,4)$ pertencem à relação. Para ver que S é transitiva, aplicamos a definição, analisando:

$(1,1)$ com $(1,2)$ para ver $(1,2)$ em S;

$(1,1)$ com $(1,3)$ para ver $(1,3)$ em S;

$(3,3)$ com $(3,2)$ para ver $(3,2)$;

$(1,2)$ com $(2,2)$ para ver $(1,2)$;

$(1,3)$ com $(3,3)$ para ver $(1,3)$;

$(1,3)$ com $(3,2)$ para ver $(1,2)$;

$(3,2)$ com $(2,2)$ para ver $(3,2)$.

Agora, para verificar a propriedade antissimétrica, é suficiente ver que não existem pares do tipo (x, y) e (y, x) pertencentes a S para elementos x e y distintos.

Exemplo 3.3.29

Consideremos $X=\{1,2,3,5,10,16,20\}$ e definamos sobre X a seguinte relação $S=\{(x,y)\in X\times X|x \text{ é divisor de } y\}$. Como X possui poucos elementos, podemos listar todos os pares ordenados pertencentes à relação S:

$$S=\{(1,1),(1,2),(1,3),(1,5),(1,10),(1,16),(1,20),\\ (2,2),(2,10),(2,16),(2,20),(3,3),(5,5),(5,10),\\ (5,20),(10,10),(10,20),(16,16),(20,20)\}.$$

Temos que S é uma relação de ordem parcial sobre X. De fato:

- Para todo $x\in X$, vale que x é divisor de x e, assim, $x\leq x\ (S)$ (S é reflexiva).
- Observe que não existem pares da forma (x,y) e (y,x) pertencentes a S para elementos x e y distintos. Isso significa que dados $x,y\in X$, se x é divisor de y e y é divisor de x, então $x=y$ (convidamos o leitor a refletir sobre isso). Assim, S é antissimétrica.
- Dados $x,y,z\in X$, se x é divisor de y e y é divisor de z, então x é divisor de z (convidamos o leitor a refletir sobre isso). Assim, S é transitiva.

O leitor também pode proceder conforme o Exemplo 3.3.28.

Temos no Exemplo 3.3.29 uma ordem parcial induzida pela divisibilidade. É importante notar que podemos definir a mesma relação S para todo o conjunto $\mathbb{N}$ e concluir, de maneira totalmente análoga, que S é uma relação de ordem parcial sobre $\mathbb{N}$.[2] Perguntamos se S seria uma relação de ordem parcial sobre $\mathbb{Z}$ (reflita sobre a propriedade antissimétrica).

Utilizaremos os Exemplos 3.3.28 e 3.3.29 para ilustrar por que usamos o nome *relação de ordem parcial*. Cognitivamente, espera-se que o nome indique que a relação de ordem deve estar definida em apenas uma parte do conjunto em questão. E é exatamente isso, pois, quando definimos uma relação de *ordem* no conjunto X, desejamos estabelecer "precedências" entre seus elementos a fim de compará-los em certo sentido. Iniciando pelo conjunto $X=\{1,2,3,4\}$ do Exemplo 3.3.28, nem todos os elementos estão relacionados entre si. Observamos, por exemplo, que os elementos "1" e "4" não formam nenhum par na relação S. Como saber se "1 *precede* 4" ou "4 *precede* 1" segundo a relação S? Infelizmente não temos essa resposta, uma vez que a relação foi definida sem o envolvimento direto entre esses dois elementos. Assim, "1" e "4" não podem ser comparados pela relação S.

Suponhamos, momentaneamente, uma situação onde nos é afirmado que sobre o conjunto $X=\{1,2,3,4\}$ está definida uma relação de ordem parcial e que "1 *precede*

2 Salientamos que admitimos que zero é divisor de zero. Para mais detalhes sobre a teoria de divisibilidade, veja o Capítulo 3 de [9].

2" e "2 *precede* 4" segundo essa relação. Agora, sim, podemos concluir que "1 *deve preceder* 4", utilizando a propriedade transitiva.

Na situação do Exemplo 3.3.29, é fácil dizer que "2 *precede* 10", pois 2 é divisor de 10. Mas e quanto aos números "3" e "16"? Segundo a relação de divisibilidade, "3 *não precede* 16" e "16 *não precede* 3".

Finalizando nossa discussão nesse sentido, imaginemos o conjunto dos números naturais e a relação $S=\{(x,y)\in\mathbb{N}\times\mathbb{N} \mid x\leq y\}$, onde $x\leq y$ é a desigualdade "menor que ou igual a" no sentido usual. O Exemplo 3.3.32 a seguir nos dirá que essa relação satisfaz as propriedades reflexiva, antissimétrica e transitiva. Além disso, podemos observar que, dados quaisquer dois números naturais x e y, sempre será possível encontrar um par ordenado em S cujas coordenadas são x e y, não importando quais são as posições que eles ocupam. Por exemplo, se $x = 12$ e $y = 5$, obviamente teremos $(5,12)\in S$, ou seja, "5 *precede* 12". Essas discussões motivam as definições a seguir.

Definição 3.3.30

Seja S uma relação de ordem parcial definida sobre um conjunto não vazio X. Os elementos $x,y\in X$ são chamados *comparáveis segundo* S se $x\leq y\ (S)$ ou $y\leq x\ (S)$.

Definição 3.3.31

Seja S uma relação de ordem parcial definida sobre um conjunto não vazio X. Se quaisquer dois elementos de X são comparáveis segundo S, então S é chamada *relação de ordem total* sobre X. Nesse caso, X é dito *totalmente ordenado*.

Exemplo 3.3.32

Consideremos $X=\mathbb{N}$ e definamos sobre X a relação $S=\{(x,y)\in\mathbb{N}\times\mathbb{N} \mid x\leq y\}$, onde $x\leq y$ é a desigualdade "menor que ou igual a" no sentido usual. Essa é uma relação de ordem total sobre $\mathbb{N}$. Para verificarmos, temos:

- S é reflexiva, pois $x\leq x$ para todo $x\in\mathbb{N}$.
- Se $x,y\in\mathbb{N}$ são tais que $x\leq y$ e $y\leq x$, então a única possibilidade é que $x=y$. Assim, S é antissimétrica.
- Se $x,y,z\in\mathbb{N}$ são tais que $x\leq y$ e $y\leq z$, então $x\leq z$. Logo, S é transitiva.
- Por fim, dados $x,y\in\mathbb{N}$, é válido que $x\leq y$ ou $y\leq x$, o que significa que x e y são comparáveis segundo S.

APÊNDICE: DIAGRAMAS DE FLECHAS

Passamos a discutir uma maneira "prática" de visualizar propriedades de relações definidas sobre um conjunto X que possui um número razoavelmente pequeno de elementos (por razões óbvias, criar uma representação em outra situação seria um árduo trabalho).

Utilizaremos os *diagramas de flechas*, construídos da seguinte forma: representamos o conjunto X por um retângulo e seus elementos por pontos interiores a este; indicamos cada par ordenado (x,y) pertencente à relação S por meio de uma flecha com "origem" em x e "extremidade" em y. Desse modo, uma flecha com duas pontas entre os elementos x e y indicará que tanto o par (x,y) quanto o par (y,x) pertence à relação. No caso em que o par (x,x) pertencer à relação, usaremos um "laço" envolvendo o elemento x para indicar que ele está relacionado consigo mesmo. Por exemplo, a representação

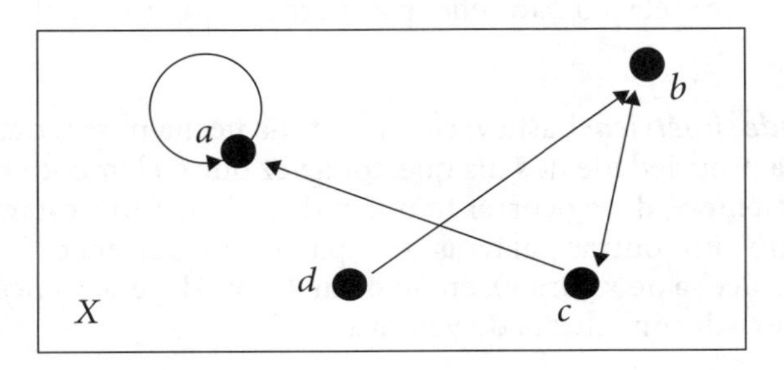

nos diz que trata-se do conjunto $X = \{a,b,c,d\}$ e, observando as direções das flechas, a relação definida é a seguinte:

$$S = \{(a,a),(b,c),(c,a),(c,b),(d,b)\}.$$

Discutamos então como cada propriedade deve ser investigada por meio do uso dos diagramas.

- ***Propriedade reflexiva:*** basta ver se em cada ponto do diagrama existe um laço. Assim, se em todos os pontos existirem laços, a relação será reflexiva e, se em pelo menos um ponto não existir um laço, a relação não será reflexiva.

  Nos exemplos a seguir, (a) apresenta uma relação que é reflexiva, e (b), uma relação não reflexiva.

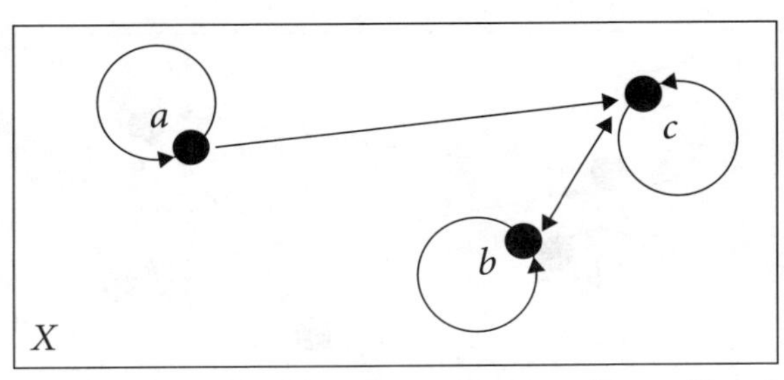

(a) relação reflexiva sobre $X = \{a, b, c\}$

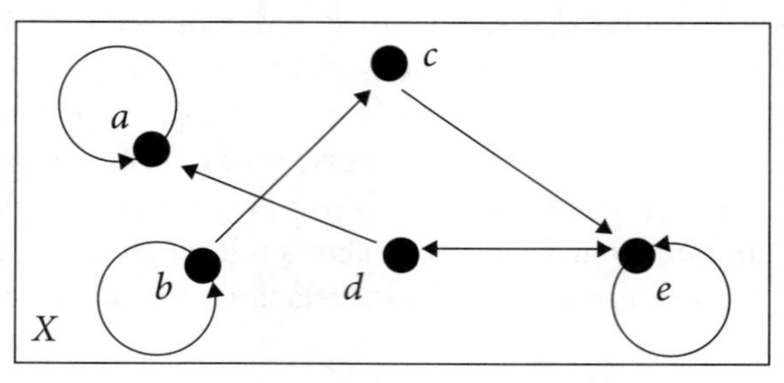

(b) relação não reflexiva sobre $X = \{a, b, c, d, e\}$

- ***Propriedade simétrica:*** basta verificar se toda flecha possui duas pontas. A definição desta propriedade nos diz que, toda vez que o elemento x está relacionado com o elemento y, deve ocorrer também de o elemento y estar relacionado com o elemento x. Em outras palavras, se o par (x, y) pertencer à relação (e, assim, existir uma flecha de x para y), então o par (y, x) deve pertencer à relação (também deve existir uma flecha de y para x).

  Uma observação importante é que a propriedade não afirma que todos os elementos devem estar interligados entre si por flechas de duas pontas, e sim que toda vez que existir uma flecha, esta deve possuir duas pontas. Dessa forma, basta a existência de apenas uma flecha sem duas pontas para que a relação não seja simétrica.

  Nos exemplos a seguir, (a) e (b) apresentam relações que são simétricas, enquanto (c) e (d) representam relações não simétricas.

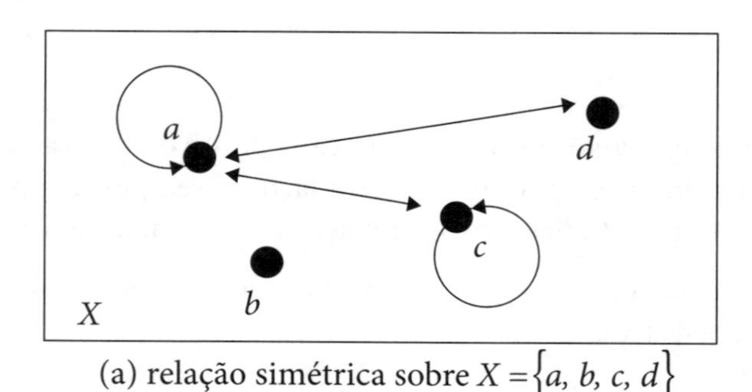

(a) relação simétrica sobre $X = \{a, b, c, d\}$

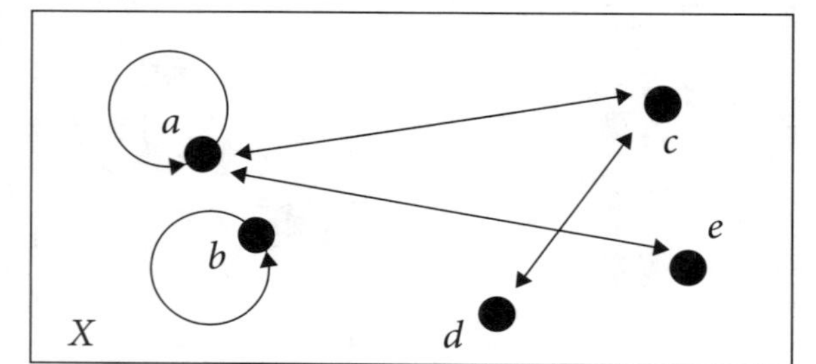

(b) relação simétrica sobre $X = \{a, b, c, d, e\}$

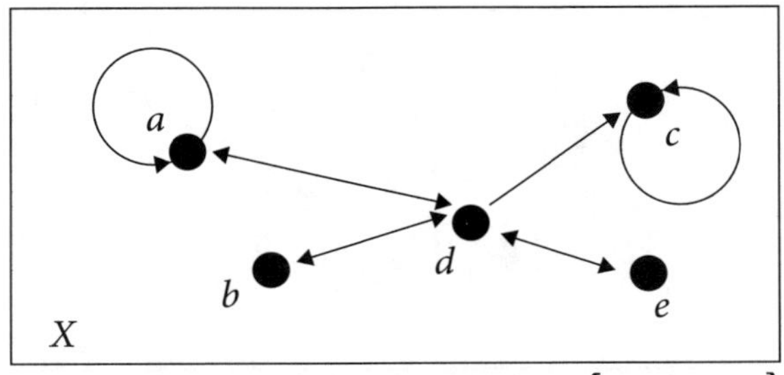

(c) relação não simétrica sobre $X = \{a, b, c, d, e\}$

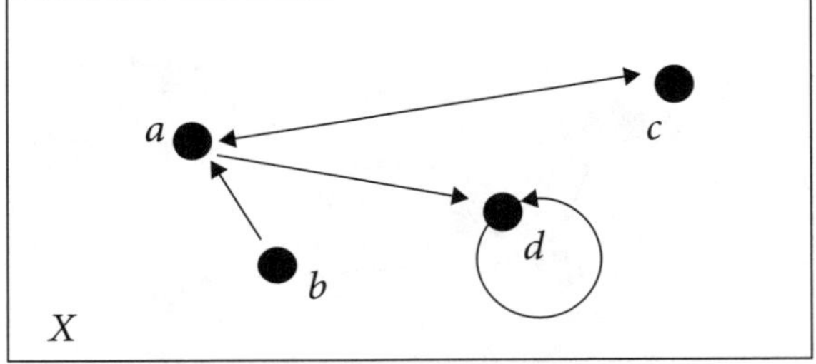

(d) relação não simétrica sobre $X = \{a, b, c, d\}$

- ***Propriedade transitiva:*** devemos verificar se para todo par de flechas consecutivas existe uma flecha cuja origem é a da primeira flecha e a extremidade é a da segunda. A definição desta propriedade nos diz que, toda vez que o elemento x está relacionado com o elemento y e este último está relacionado com um elemento z, deve ocorrer de o elemento x estar relacionado com o elemento z. Assim, observamos que, toda vez que existir uma flecha de duas pontas, os elementos por ela relacionados devem conter laços (por quê?).

  Para os exemplos aqui apresentados, as relações em (a) e (b) são transitivas e as relações em (c) e (d) não são transitivas.

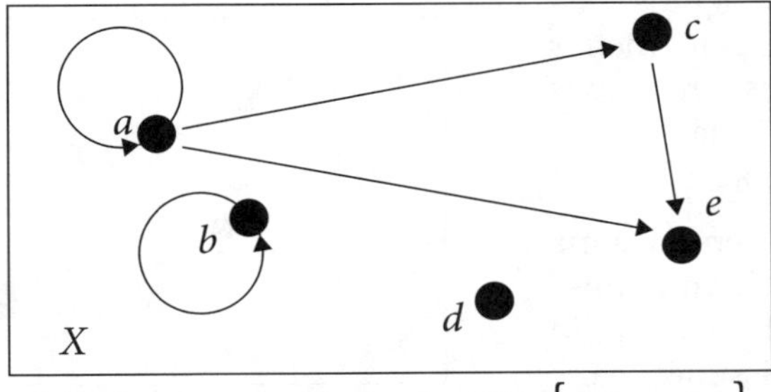

(a) relação transitiva sobre $X = \{a, b, c, d, e\}$

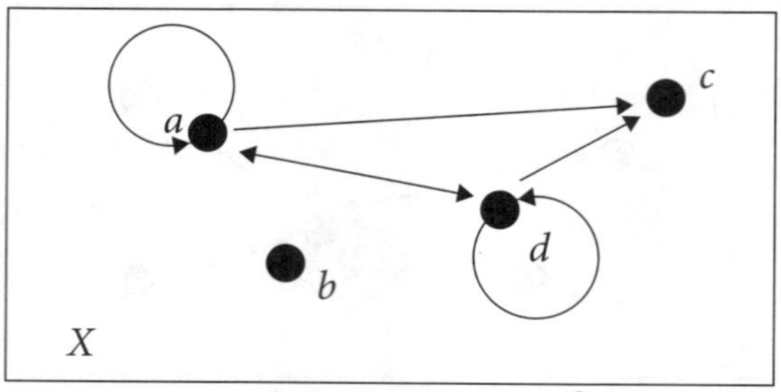

(b) relação transitiva sobre $X = \{a, b, c, d\}$

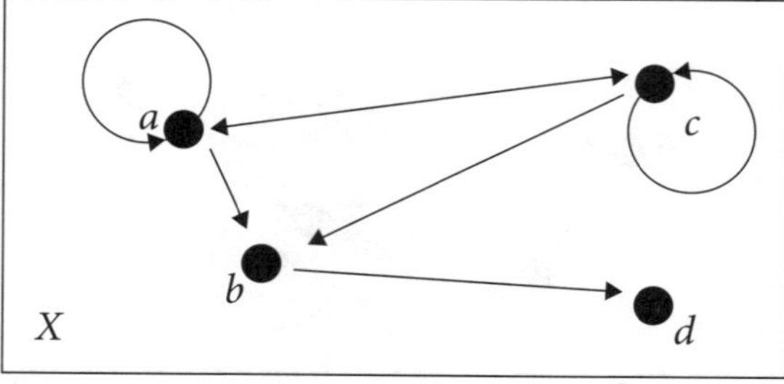

(c) relação não transitiva sobre $X = \{a, b, c, d\}$

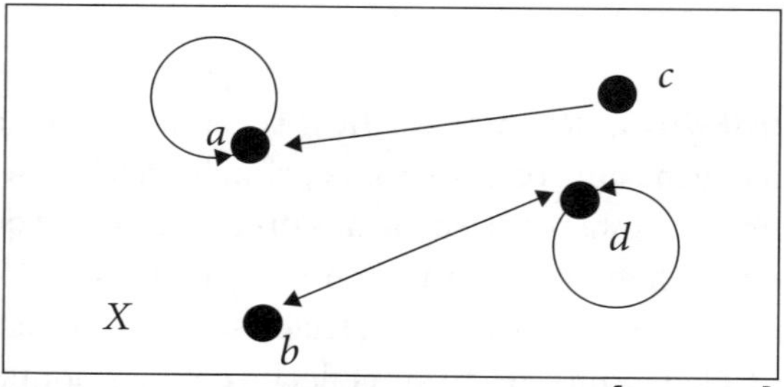

(d) relação não transitiva sobre $X = \{a, b, c, d\}$

- ***Propriedade antissimétrica:*** devemos verificar se não existem flechas de duas pontas. A forma equivalente de escrever essa condição de antissimetria nos diz que, para elementos distintos x e y, pelo menos um dos pares ordenados (x, y), (y, x) não deve pertencer à relação.

  Apresentamos em (a) uma relação que é antissimétrica e em (b) uma relação que não é antissimétrica.

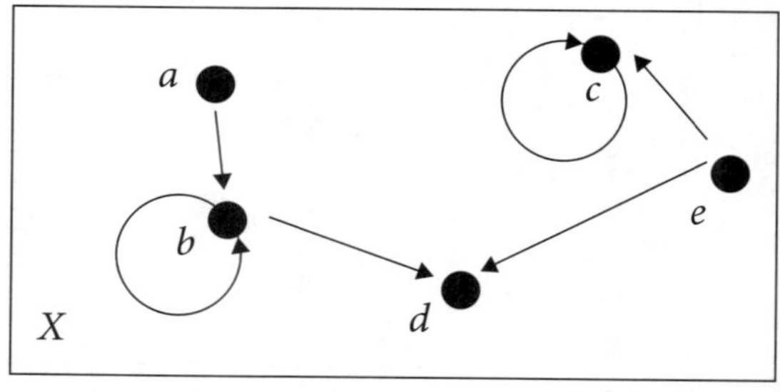

(a) relação antissimétrica sobre $X = \{a, b, c, d, e\}$

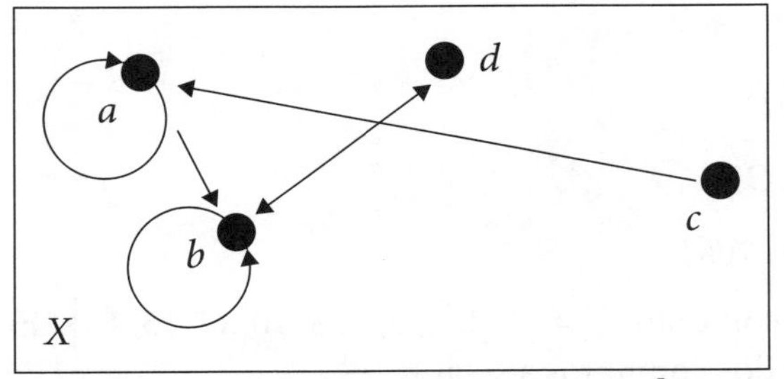

(b) relação não antissimétrica sobre $X = \{a, b, c, d\}$

EXERCÍCIOS PROPOSTOS

1. Preencha o espaço vazio com a relação apropriada para cada caso.

   a) $\{a\}$___$\{1, 2, a, b\}$

   b) $\{a, 1, 2\}$___$\{1, 2\}$

   c) a___$\{1, 2, a, b\}$

   d) $\emptyset$___$\{1, 2, 3, 4\}$

   e) $\{\emptyset\}$___$\{\emptyset, \{1\}, \{1,2\}, \{1,2,3\}, \{1,2,3,4\}\}$

   f) $\{1, 2, 3, 4\}$___$\{x \in \mathbb{N} \mid 1 \leq x \leq 4\}$

   g) $\{x \mid x$ é letra da palavra *técnico*$\}$___$\{x \mid x$ é letra da palavra *étnico*$\}$

2. Qual a relação entre os dois conjuntos $A = \{x \in \mathbb{R} \mid x \geq 4\}$ e $B = \{x \in \mathbb{R} \mid x > 4\}$? Determine alguns subconjuntos de B.

3. Sejam

$$A = \{1, 3, 5, 7, 9\},\ B = \{1, 2, 3, 4, 5, 6\} \text{ e } C = \{5, 6, 7, 8, 9, 10\}.$$

   Determine:

   a) $\wp(A)$

   b) $\wp(B)$

   c) $\wp(C)$

   d) $A \cup B$

   e) $A \cup C$

   f) $B \cup C$

   g) $A \cap B$

   h) $A \cap C$

i) $B \cap C$

j) $(A \cap B) \cup C$

k) $(A \cup B) \cap C$

l) $\wp((A \cup B) \cap C)$

4. Considere o conjunto $U = \{1, 2, 4, 5, 7, 8, 10, 11, 13, 15\}$. Encontre o complementar em U dos conjuntos a seguir.

a) $A = \{2, 4, 8, 10\}$

b) $B = \{x \in U \mid x \text{ é múltiplo de } 5\}$

c) $C = \{1, 5, 7, 11\}$

d) $D = \{x \in U \mid x \text{ é ímpar}\}$

5. Considerando X um conjunto com 3 elementos, determine quantos elementos tem $\wp(X)$. No caso em que X tem 4 elementos, quantos elementos tem $\wp(X)$? E no caso em que X tem 5 elementos? Generalize para X um conjunto com n elementos.

6. ***Diferença de conjuntos.*** Sejam X e Y subconjuntos de um conjunto U. Definimos o *conjunto diferença* de X por Y por $X \setminus Y = \{x \in X \mid x \notin Y\}$ (este conjunto também pode ser representado por $X - Y$). Sendo:

$$U = \{1, 2, 3, 4, 5, 6, 7, 8, 9, 10\},$$

$$A = \{1, 3, 5, 7, 9\},\ B = \{1, 2, 3, 4, 5, 6\} \text{ e } C = \{5, 6, 7, 8, 9, 10\},$$

determine:

a) $A \setminus B$

b) $A \setminus C$

c) $B \setminus A$

d) $B \setminus C$

e) $C \setminus A$

f) $C \setminus B$

7. Sejam:

$$U = \{1, 2, 3, 4, 5, 6, 7, 8, 9, 10, 11, 12\},\ A = \{1, 3, 5, 7\},$$

$$B = \{1, 3, 5, 7, 9, 11\},\ C = \{2, 6, 10\} \text{ e } D = \{2, 4, 6, 8, 10, 12\}.$$

Determine:

a) $C_U A$

b) $C_U B$

c) $C_U C$

d) $C_U D$

e) $C_U\left(C_U A\right)$

f) $C_U\left(C_U D\right)$

g) $B \setminus A$, $B \cap C_U A$ e $C_B A$

h) $D \setminus C$, $D \cap C_U C$ e $C_D C$

i) Compare as definições de *complementar* e *diferença* de conjuntos e escreva uma argumentação contra ou a favor das seguintes afirmações:

1. "esses conceitos possuem semelhanças";
2. "esses conceitos coincidem".

j) Mostre que, se X e Y são ambos subconjuntos de um conjunto qualquer U, então $X \setminus Y = X \cap C_U Y$.

8. ***Diferença simétrica de conjuntos.*** Se A e B são duas partes do conjunto U, definimos a *diferença simétrica* de A e B por $A\Delta B = (A \setminus B) \cup (B \setminus A)$.

a) Considerando os conjuntos do Exercício 7, determine $A\Delta B$, $A\Delta C$ e $B\Delta C$.

b) Demonstre que $A\Delta B = B\Delta A$.

c) Demonstre que $A \cap (B\Delta C) = (A \cap B)\Delta(A \cap C)$.

d) Demonstre que $A\Delta\varnothing = A$.

e) Demonstre que $A\Delta A = \varnothing$.

f) Demonstre que $(A\Delta B)\Delta C = A\Delta(B\Delta C)$. [Sugestão: utilize o Exercício 7(j).]

9. Responda os itens a seguir:

a) Se A e B são subconjuntos de U, demonstre que as seguintes condições são equivalentes entre si.

1. $A \subset B$
2. $A \cap B = A$
3. $A \cup B = B$
4. $A \cap C_U B = \varnothing$
5. $C_U B \subset C_U A$

b) Demonstre as propriedades (1) a (12) e (14) do Teorema 3.2.7.

10. (Cespe-2010, adaptado) Em uma pesquisa, 200 entrevistados foram questionados a respeito do meio de transporte que usualmente utilizam para ir ao trabalho. Os 200 entrevistados responderam à indagação e, do conjunto dessas respostas, foram obtidos os seguintes dados:

    - 35 pessoas afirmaram que usam transporte coletivo e automóvel próprio;
    - 35 pessoas afirmaram que usam transporte coletivo e bicicleta;
    - 11 pessoas afirmaram que usam automóvel próprio e bicicleta;
    - 5 pessoas afirmaram que usam bicicleta e vão a pé;
    - 105 pessoas afirmaram que usam transporte coletivo;
    - 30 pessoas afirmaram que só vão a pé;
    - ninguém afirmou usar transporte coletivo, automóvel e bicicleta;
    - o número de pessoas que usam bicicleta é igual ao número de pessoas que usam automóvel próprio.

    Com base nessa situação, julgue os itens subsequentes.

    a) O número de pessoas que só usam bicicleta é inferior ao número de pessoas que só usam automóvel próprio.
    b) O número de pessoas que usam apenas transporte coletivo para ir ao trabalho é igual a 35.
    c) O número de pessoas que usam transporte coletivo é o triplo do número de pessoas que vão a pé.
    d) O número de pessoas que somente usam automóvel próprio é superior ao número de pessoas que só vão ao trabalho a pé.

11. (Cespe – Sebrae Trainee 2011, adaptado) As empresas A e B disputam a preferência dos consumidores no segmento de provimento de rede sem fio em uma pequena cidade. Uma pesquisa com os 1.000 usuários do serviço nessa cidade revelou que:

    - 300 usuários estão insatisfeitos com a qualidade do serviço; os restantes estão satisfeitos;
    - 400 usam somente os serviços providos pela empresa A;
    - 200 usam os serviços prestados pelas duas empresas;
    - três quintos dos usuários insatisfeitos usam somente os serviços da empresa A.

    A partir dessas informações e indicando por I o conjunto dos consumidores insatisfeitos; por A e B os conjuntos dos consumidores usuários dos serviços das empresas A e B, respectivamente, julgue os itens a seguir.

a) Infere-se das informações que pelo menos um dos usuários insatisfeitos usa somente os serviços prestados pela empresa B.

b) A quantidade de consumidores que são usuários somente dos serviços providos pela empresa B é igual à quantidade daqueles que usam somente os serviços da empresa A.

c) $(I \cup A) \cap (I \cup B)$ corresponde ao conjunto dos usuários insatisfeitos com a qualidade do serviço ou que usam os serviços das duas empresas.

d) A quantidade de usuários insatisfeitos com a qualidade do serviço ou que usam os serviços prestados pelas duas empresas é superior a 500.

e) Há mais clientes satisfeitos do que clientes que usam somente os serviços de uma única empresa.

12. (Cespe – MPE/PI-2011, adaptado) Por ocasião da apuração da frequência dos 21 servidores de uma repartição pública no mês de julho de 2011, indicou-se por S_x o conjunto dos servidores que faltaram ao serviço exatamente x dias úteis naquele mês, sendo $0 \le x \le 21$. Indicando por N_x a quantidade de elementos do conjunto S_x, julgue os itens a seguir.

a) O conjunto $S_0 \cup S_1 \cup S_2 \cup \cdots \cup S_{21}$ contém todos os servidores da repartição.

b) Há dois números inteiros distintos a e b, com $0 \le a \le 21$ e $0 \le b \le 21$, tais que o conjunto $S_a \cap S_b$ é não vazio.

c) Se $N_3 = 5$, então 5 servidores faltaram exatamente 3 dias no mês de julho de 2011.

13. (Cespe – TCDF-2012, adaptado) Em um conjunto E de empresas, indica-se por E_x o subconjunto de E formado pelas empresas que já participaram de, pelo menos, x procedimentos licitatórios, em que $x = 0, 1, 2, \ldots$, e por N_x a quantidade de elementos do conjunto E_x. Julgue os itens seguintes, a respeito desses conjuntos.

a) Se x e y forem números inteiros não negativos e $x \le y$, então $E_y \subset E_x$.

b) A quantidade de empresas no conjunto E que já participaram de exatamente 10 procedimentos licitatórios é igual $N_{10} - N_{11}$.

c) O menor número de empresas que devem ser selecionadas no conjunto E para que se tenha certeza de que ao menos uma delas participou de pelo menos um procedimento licitatório é $N_0 - N_1 + 1$.

14. (CESPE – INPI 2012, adaptado) Um órgão público pretende organizar um programa de desenvolvimento de pessoas que contemple um conjunto de ações de educação continuada. Quando divulgou a oferta de um curso no âmbito desse programa, publicou, por engano, um anúncio com um pequeno erro nos requisitos. Em vez de "os candidatos devem ter entre 30 e 50 anos e possuir mais de cinco anos de experiência no serviço público" (anúncio 1), publicou "os candidatos devem ter entre 30 e 50 anos ou possuir mais de cinco anos de experiência no serviço público" (anúncio 2). Considere X o conjunto de todos os servidores

do órgão; A o conjunto dos servidores do órgão que têm mais de 30 anos de idade; B o conjunto dos servidores do órgão que têm menos de 50 anos de idade e C o conjunto dos servidores do órgão com mais de cinco anos de experiência no serviço público. Sabendo que X, A, B, e C têm, respectivamente, 1.200, 800, 900 e 700 elementos, julgue os itens seguintes.

a) O conjunto dos servidores que satisfazem o requisito do anúncio 1 é corretamente representado por $A \cap B \cap C$.

b) O conjunto de servidores que satisfazem os requisitos de apenas um anúncio é corretamente representado por $A \cup B \cup C - A \cap B \cap C$.

c) $X = A \cup B$.

d) As informações do enunciado permitem inferir que, no máximo, 300 servidores não poderiam satisfazer os requisitos de nenhum anúncio.

e) Sejam $p(x)$ e $q(x)$ sentenças abertas com universo X dadas respectivamente por "o servidor x tem entre 30 e 50 anos de idade" e "o servidor x possui mais de cinco anos de experiência no serviço público". Então, se C é subconjunto de $A \cap B$, então o conjunto verdade associado à sentença aberta $p(x) \rightarrow q(x)$ coincide com o conjunto universo X.

15. Represente, graficamente, no plano cartesiano os seguintes produtos: $A \times B$, $B \times A$, $A \times C$, $C \times A$, $B \times C$ e $C \times B$, onde:

$$A = \{1, 2, 3, 4\}, \ B = \{x \in \mathbb{R} \mid 1 \leq x \leq 2\}$$

e

$$C = \{x \in \mathbb{R} \mid 1 \leq x \leq 2\} \cup \{x \in \mathbb{R} \mid -2 \leq x \leq -1\}.$$

16. Mostre as igualdades de conjuntos a seguir.

a) $A \times (B \cup C) = (A \times B) \cup (A \times C)$

b) $A \times (B \cap C) = (A \times B) \cap (A \times C)$

c) $A \times B = \emptyset \Leftrightarrow A = \emptyset$ ou $B = \emptyset$

17. Determine todas as relações de E em E, e todas as relações de E em F, onde $E = \{1, 2\}$ e $F = \{3, 4, 5\}$. Para cada uma delas, determine o domínio e a imagem e desenhe o diagrama de flechas.

18. ***Paridade de um número inteiro.*** Dizemos que um número inteiro x é *par* quando ele pode ser escrito na forma $x = 2n$ para algum número inteiro dado n. O inteiro x é dito *ímpar* se pode ser escrito na forma $x = 2m + 1$ para algum número inteiro dado m (claramente, essa definição pode ser escrita também como $x = 2m - 1$). Em vista disso, faça o que se pede nos itens a seguir.

a) Demonstre que a soma de dois inteiros pares é novamente um número par.

b) Demonstre que a soma entre um inteiro par e um inteiro ímpar resulta em um número ímpar.

c) Demonstre que a soma entre dois inteiros ímpares é um número par.

d) Formule questões análogas às anteriores para a multiplicação entre dois números inteiros e demonstre cada uma delas.

e) Demonstre que a diferença entre dois inteiros pares resulta em um número par.

f) Demonstre que a diferença entre um inteiro par e um inteiro ímpar (ou em ordem contrária) é um número ímpar.

g) Demonstre que a diferença entre dois inteiros ímpares resulta em um número par.

19. Determine o domínio, a imagem e represente no plano cartesiano o gráfico das seguintes relações:

a) $S = \{(x, y) \in \mathbb{N} \times \mathbb{N} \mid x + y \leq 5\}$

b) $S = \{(x, y) \in \mathbb{Z} \times \mathbb{Z} \mid x = |y|\}$

c) $S = \{(x, y) \in \mathbb{R} \times \mathbb{R} \mid x^2 + y^2 = 16\}$

d) $S = \{(x, y) \in \mathbb{R} \times \mathbb{R} \mid x^2 + y^2 \leq 16\}$

e) $S = \{(x, y) \in \mathbb{R} \times \mathbb{R} \mid x^2 + y^2 \geq 16\}$

20. Seja S a relação sobre o conjunto $\mathbb{N}^* = \{1, 2, 3, 4, 5, \ldots\}$ definida pela sentença "$2x + y = 15$", isto é, $S = \{(x, y) \in \mathbb{N}^* \times \mathbb{N}^* \mid 2x + y = 15\}$. Encontre os elementos de S, $D(S)$, $\text{Im}(S)$.

21. Seja $X = \{1, 2, 3, 4, 5, 6, 7, 8, 9, 10\}$.

a) Represente no plano cartesiano os pontos da seguinte relação de X em X: $\Delta_X = \{(x, y) \in X \times X \mid x = y\}$. (Esse conjunto é conhecido como *diagonal* do conjunto X.)

b) Mostre que Δ_X é uma relação de equivalência sobre X.

c) Seja S_0 uma relação de equivalência sobre X com a propriedade de estar contida em qualquer outra relação de equivalência sobre X. Mostre que $S_0 = \Delta_X$. [Dica: basta mostrar que $\Delta_X \subset S_0$.]

d) Mostre que $X \times X$ é uma relação de equivalência sobre X.

22. Responda os itens a seguir.

a) Sejam X o conjunto dos números inteiros e

$$S = \left\{(x, y) \in \mathbb{Z} \times \mathbb{Z} \mid \text{existe } n \in \mathbb{Z} \text{ tal que } \frac{x}{y} = 3^n\right\}.$$

Mostre que S satisfaz as propriedades simétrica e transitiva, mas não satisfaz a propriedade reflexiva (atenção: o problema não é o número 3 na base da potência).

b) Sejam X um conjunto não vazio e S uma relação sobre X que satisfaça as propriedades simétrica e transitiva. O raciocínio a seguir "demonstra" que uma relação que seja simétrica e transitiva é também reflexiva.

Sejam $x, y \in X$; se $(x, y) \in S$, pela propriedade simétrica, concluímos que $(y, x) \in S$. Usando agora a propriedade transitiva com os pares $(x, y) \in S$ e $(y, x) \in S$, vemos que $(x, x) \in S$. Assim, S é reflexiva.

O item (a) desta questão é um exemplo de que esse raciocínio está errado. Encontre o erro.

23. Dados os conjuntos X e $S \subset X \times X$ a seguir, demonstrar que S é uma relação de equivalência sobre X ou explicar qual é a propriedade que falha para não ser uma relação de equivalência.

a) $X = \mathbb{Z}$, $S = \{(a, b) \in X \times X \mid a \text{ é divisor de } b\}$

b) $X = \mathbb{Z}$, $S = \{(a, b) \in X \times X \mid a - b \text{ é múltiplo de } 3\}$

c) $X = \mathbb{Z}$, $S = \{(a, b) \in X \times X \mid a - b \text{ é múltiplo de } 7\}$

d) $X = \mathbb{Z}$, $S = \{(a, b) \in X \times X \mid a - b \text{ é múltiplo de } m\}$, onde $m \in \mathbb{Z}^*$

e) $X = \{\text{pontos do plano cartesiano}\}$, $S = \{(a, b) \in X \times X \mid a \text{ e } b \text{ são equidistantes da origem}\}$

f) $X = \{\text{pontos do plano cartesiano}\}$, $S = \{(a, b) \in X \times X \mid$ a distância de a à origem é igual ao dobro da distância de b à origem$\}$

g) $X = \{\text{retas do plano cartesiano}\}$, $S = \{(a, b) \in X \times X \mid a \text{ é paralela a } b\}$

h) $X = \{\text{retas do plano cartesiano}\}$, $S = \{(a, b) \in X \times X \mid a \text{ é perpendicular a } b\}$

i) $X = \{\text{alunos que fizeram a 1ª prova}\}$, $S = \{(a, b) \in X \times X \mid a$ tirou a mesma nota que $b\}$

j) $X = \{\text{pontos do plano cartesiano, exceto a origem}\}$, $S = \{(a, b) \in X \times X \mid a$ pertence à reta que passa pela origem e por $b\}$

k) $X = \{\text{pessoas do mundo}\}$, $S = \{(a, b) \in X \times X \mid a \text{ tem a mesma profissão que } b\}$

l) $X = \{\text{pessoas do mundo que têm alguma profissão}\}$, $S = \{(a,b) \in X \times X \mid a$ tem a mesma profissão que $b\}$

m) $X = \{\text{pessoas desta faculdade}\}$, $S = \{(a, b) \in X \times X \mid a \text{ é amigo de } b\}$

n) $X = \{\text{pessoas do mundo}\}$, $S = \{(a, b) \in X \times X \mid a \text{ é filho do mesmo pai que } b\}$

o) $X = \{\text{conjunto qualquer}\}$, $S = \{(a, b) \in X \times X \mid a = b\}$

p) $X = \{\text{triângulos no plano}\}$, $S = \{(a, b) \in X \times X \mid a \text{ é semelhante a } b\}$

q) $X = \{\text{pessoas do mundo}\}$, $S = \{(a, b) \in X \times X \mid a \text{ mora a, no máximo, 100 quilômetros de } b\}$

r) $X = \mathbb{R}$, $S = \{(a, b) \in X \times X \mid a = \pm b\}$

s) $X = \mathbb{Z}$, $S = \{(a, b) \in X \times X \mid a < b \text{ e } a > b\}$

t) $X = \mathbb{Z}$, $S = \{(a, b) \in X \times X \mid a < b \text{ ou } a > b\}$

u) $X = \mathbb{R}$, $S = \{(a, b) \in X \times X \mid a \geq b\}$

v) $X = \mathbb{Z}$, $S = \{(a, b) \in X \times X \mid \text{existem números inteiros } x \text{ e } y \text{ tais que } ay - bx = 0\}$

24. Em algumas ocasiões, utilizamos a expressão *relação binária* com o mesmo sentido de *relação* dado pela definição. Seja $X = \{a, b, c, d\}$. Consideremos as seguintes relações binárias definidas sobre X:

$S_1 = \{(a, b), (a, a), (b, b), (b, a), (c, c), (d, d)\}$

$S_2 = \{(a, a), (b, b), (c, c), (a, b), (b, c), (d, c)\}$

$S_3 = \{(a, a), (b, b), (a, b), (b, c), (c, a)\}$

$S_4 = \{(a, b), (a, a), (b, b), (b, a), (c, c), (d, c), (c, d)\}$

$S_5 = \{(a, a), (b, b), (b, c), (c, b), (a, c), (c, a), (d, d)\}$

$S_6 = X \times X$

$S_7 = \emptyset$

a) Determine o domínio e a imagem de cada uma das relações dadas.

b) Quais dessas relações são reflexivas? Simétricas? Antissimétricas? Transitivas?

c) Quais relações são de equivalência? Quais são de ordem?

25. Seja $X = \{1, 2, 3, 4, 5, 6\}$. Faça o que se pede em cada item e desenhe os diagramas de flechas.

a) Dê exemplos de relações sobre X que sejam simétricas e antissimétricas simultaneamente.

b) Dê exemplos de relações sobre X que sejam simétricas e não sejam antissimétricas.

c) Dê exemplos de relações sobre X que não sejam simétricas e sejam antissimétricas.

d) Dê exemplos de relações sobre X que não sejam simétricas nem antissimétricas.

26. Considere $X = \{1, 2, 3, 4\}$.

a) Construa relações sobre X que sejam somente reflexivas.

b) Construa relações sobre X que sejam somente simétricas.

c) Construa relações sobre X que sejam somente transitivas.

d) Construa relações sobre X que sejam relações de equivalência.

e) Construa relações sobre X que sejam relações de ordem parcial.

f) É possível construir uma relação de ordem total sobre X?

g) É possível construir uma relação sobre X que satisfaça todas as propriedades simultaneamente?

27. Analise todos os diagramas do Apêndice deste capítulo e investigue quais propriedades são satisfeitas ou não em cada um deles.

28. Pode ocorrer de uma relação de equivalência ser também uma relação de ordem parcial (ou total)? Se sim, construa exemplos e, caso contrário, justifique.

29. Considere a relação R sobre $\mathbb{N}\times\mathbb{N}$ definida por $(x, y)\ R\ (z, t)$ se, e somente se, $x+y=z+t$. Mostre que R é uma relação de equivalência.

30. Considere o conjunto $X=\{x\in\mathbb{Z}\mid 0\le x\le 50\}$. Defina sobre X a seguinte relação:

$$R=\{(a,b)\in X\times X \mid a-b \text{ é múltiplo de } 4\}.$$

a) Mostre que R é uma relação de equivalência.

b) Descreva as classes de equivalência e escreva o conjunto quociente X/R.

31. As relações definidas a seguir são de equivalência. Determine o que se pede em cada caso.

a) $S=\{(a,b)\in X\times X \mid a-b \text{ é múltiplo de } 5\}$, onde $X=\{0, 1, 2, 3, \dots, 30\}$. Descreva as classes de equivalência e obtenha o conjunto quociente X/S.

b) $S=\{(a,b)\in X\times X \mid a-b \text{ é múltiplo de } 6\}$, onde $X=\{0, 1, 2, 3, \dots, 35\}$. Descreva as classes de equivalência e obtenha o conjunto quociente X/S.

32. Seja $X=\{x\in\mathbb{Z}\mid 0\le x\le 20\}$ e defina sobre X a relação

$$S=\{(x,y)\in X\times X \mid \text{existe } n\in\mathbb{Z} \text{ tal que } x-y=4n\}.$$

Determine o conjunto quociente $X\,/\,S$.

33. Seja $X=\{-5,-4,-3,-2,-1, 0, 1, 2, 3, 4, 5\}$ e defina sobre X a relação

$$S=\{(x,y)\in X\times X \mid x+|x|=y+|y|\}.$$

a) Mostre que S é uma relação de equivalência sobre X.

b) Determine o conjunto quociente $X\,/\,S$.

34. Considere três janelas de certa casa, sendo que por cada uma há pessoas olhando, como indica a figura a seguir.

 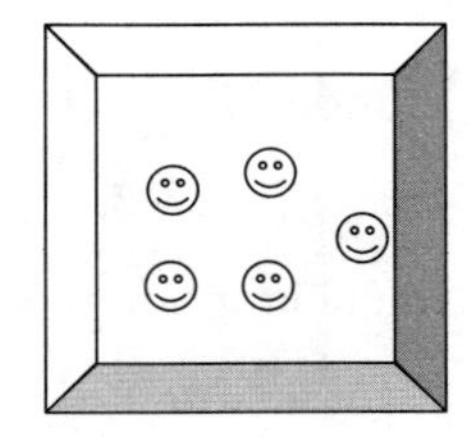 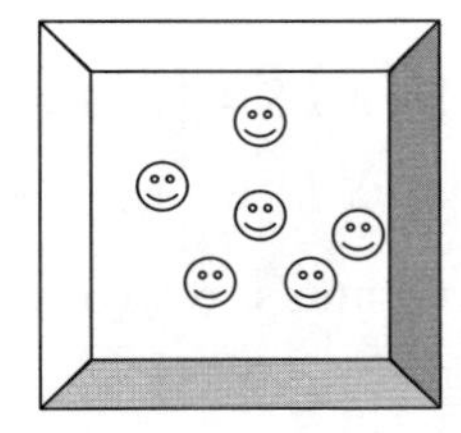

Chame de X o conjunto dessas pessoas, e seja a seguinte relação:

$$S = \{(x, y) \in X \times X \mid x \text{ está olhando através da mesma janela que } y\}.$$

Prove que S é uma relação de equivalência e determine o conjunto quociente.

35. Considere uma quadra de vôlei com dois times de cada lado:

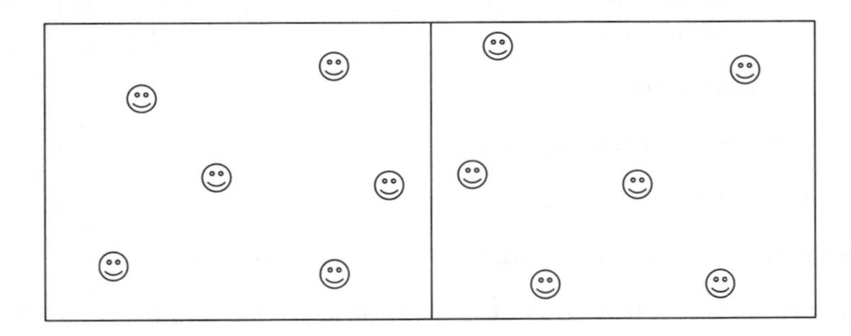

Chame de X o conjunto desses doze jogadores, e considere a seguinte relação:

$$S = \{(x, y) \in X \times X \mid x \text{ pertence ao mesmo time de } y\}.$$

Prove que S é uma relação de equivalência. Encontre as classes de equivalência.

36. Seja S uma relação de equivalência definida sobre um conjunto não vazio X. Sejam $x, y \in X$. Demonstre que as afirmações a seguir são equivalentes:

1. x se relaciona com y pela relação S;
2. $x \in C_S(y)$;
3. $y \in C_S(x)$;
4. $C_S(x) = C_S(y)$.

37. Determine uma relação de equivalência associada a cada uma das partições a seguir.

a) $X / S = \{\{a\}, \{b, c\}, \{d, e, f\}, \{g\}\}$, onde $X = \{a, b, c, d, e, f, g\}$

b) $X / S = \{\{2,4\},\{6\},\{8,10\}\}$, onde $X = \{2,4,6,8,10\}$

c) $X / S = \{\{\ldots,-4,-2, 0,2,4,6,\ldots\}, \{\ldots,-5,-3,-1, 1,3,5,7,\ldots\}\}$, onde $X = \mathbb{Z}$

38. Quantas relações de equivalência podem ser definidas sobre o conjunto $X = \{a, b, c\}$?

39. Verifique se cada um dos conjuntos a seguir é totalmente ordenado segundo a relação de divisibilidade.

a) $X = \{1, 18, 3, 6\}$

b) $X = \{4, 16, 5\}$

c) $X = \{-1, 1, -5, 5, -20, 20\}$

d) $X = \mathbb{Z}$

40. Seja X um conjunto não vazio e seja $\wp$ uma família de subconjuntos de X. Defina sobre $\wp$ a relação de inclusão dada por $S = \{(F_1, F_2) \in \wp \times \wp \mid F_1 \subset F_2\}$, onde F_1, F_2 são elementos em $\wp$.

a) Mostre que S é reflexiva.

b) Mostre que S é antissimétrica.

c) Mostre que S é transitiva.

d) Verifique se S é uma relação de ordem total sobre $\wp$.

41. Considere $\mathbb{C}$ o conjunto dos números complexos e sejam $x = a + bi$, $y = c + di$ dois de seus elementos, onde $a, b, c, d \in \mathbb{R}$. Defina sobre $\mathbb{C}$ a seguinte relação:

$$S = \{(x, y) \in \mathbb{C} \times \mathbb{C} \mid a \leq c \text{ e } b \leq d\},$$

onde o símbolo $\leq$ é a desigualdade "menor que ou igual a" no sentido usual.

a) Demonstre que S satisfaz a propriedade reflexiva.

b) Demonstre que S satisfaz a propriedade antissimétrica.

c) Demonstre que S satisfaz a propriedade transitiva.

d) Discuta por que S é uma relação de ordem parcial, mas não total sobre $\mathbb{C}$.

42. Considere $X = \mathbb{N} \times \mathbb{N}$ e defina a relação

$$S = \{((x, y), (z, t)) \in X \times X \mid x \text{ divide } z \text{ e } y \leq t\}$$

sobre X, onde o símbolo $\leq$ é a desigualdade "menor que ou igual a" no sentido usual.

a) Demonstre que S satisfaz a propriedade reflexiva.

b) Demonstre que S satisfaz a propriedade antissimétrica.

c) Demonstre que S satisfaz a propriedade transitiva.

d) Discuta porque S é uma relação de ordem parcial, mas não total sobre X.

43. ***Ordem lexicográfica.*** Considere $\mathbb{C}$ o conjunto dos números complexos e sejam $x = a + bi$, $y = c + di$ dois de seus elementos, onde $a, b, c, d \in \mathbb{R}$. Defina sobre $\mathbb{C}$ a seguinte relação:

$$S = \{(x, y) \in \mathbb{C} \times \mathbb{C} \mid a < c \text{ ou } (a = c \text{ e } b \leq d)\},$$

em que o símbolo $\leq$ é a desigualdade "menor que ou igual a" no sentido usual.

a) Demonstre que S satisfaz a propriedade reflexiva.

b) Demonstre que S satisfaz a propriedade antissimétrica.

c) Demonstre que S satisfaz a propriedade transitiva.

d) Demonstre que S é uma relação de ordem total sobre $\mathbb{C}$.

44. ***A inversa de uma relação.*** Sejam X e Y dois conjuntos e S uma relação de X em Y. Definimos a *relação inversa* de S, denotada S^{-1}, como sendo a seguinte relação:

$$S^{-1} = \{(y, x) \in Y \times X \mid (y, x) \in S\}.$$

a) Para $X = \{a, b, c\}$ e $Y = \{m, n\}$, determine a inversa da relação de X em Y dada por $S = \{(a, m), (b, n), (c, m), (c, n)\}$.

b) Para $X = Y = \mathbb{R}$, determine a inversa da relação sobre $\mathbb{R}$ dada por $S = \{(x, y) \in \mathbb{R} \times \mathbb{R} \mid y = 5x\}$.

c) Mostre que $D(S^{-1}) = \text{Im}(S)$, $\text{Im}(S^{-1}) = D(S)$ e $(S^{-1})^{-1} = S$.

d) Argumente contra ou a favor da seguinte afirmação: se S é uma relação reflexiva sobre um conjunto X, então S^{-1} também é reflexiva sobre X.

e) Argumente contra ou a favor da seguinte afirmação: se S é uma relação simétrica sobre um conjunto X, então S^{-1} também é simétrica sobre X.

f) Argumente contra ou a favor da seguinte afirmação: se S é uma relação antissimétrica sobre um conjunto X, então S^{-1} também é antissimétrica sobre X.

g) Argumente contra ou a favor da seguinte afirmação: se S é uma relação transitiva sobre um conjunto X, então S^{-1} também é transitiva sobre X.

CAPÍTULO 4
FUNÇÕES

Agora estudaremos um importante tipo de relação entre dois conjuntos, as *funções*. Trata-se de um dos mais importantes conceitos da Matemática, vez que encontra utilizações nas mais diversas áreas do conhecimento humano, fornecendo uma poderosa ferramenta para a modelagem de situações. Abordaremos as funções como tipos especiais de relações em conjuntos, ou seja, como subconjuntos especiais do produto cartesiano entre dois conjuntos para os quais definimos relações entre seus elementos.

4.1 O CONCEITO DE FUNÇÃO E GRÁFICOS

O CONCEITO DE FUNÇÃO

Introduzimos anteriormente os conceitos de produto cartesiano e de relação entre dois conjuntos. Como exemplos, estudamos as importantes noções de relação de equivalência e de ordem. Agora concentraremos todos os nossos esforços no estudo de outro tipo muito importante de relação: as *funções*. Estudaremos as funções não sob o ângulo já visto pelo leitor no Ensino Médio, onde lhe foram apresentadas as funções polinomiais, trigonométricas, exponenciais, logarítmicas, modulares, entre outras; estaremos mais preocupados com a formalização do conceito.

Definição 4.1.1

Sejam X e Y dois conjuntos e $f \subset X \times Y$ uma relação. Dizemos que a relação f é uma *função de* X *em* Y se valem as propriedades a seguir.

- Para cada elemento $x \in X$ dado, existe um elemento $y \in Y$ tal que $(x, y) \in f$.
- Se $x \in X$ e $y, z \in Y$ são elementos tais que $(x, y) \in f$ e $(x, z) \in f$, então $y = z$.

No caso em que $X = Y$ na Definição 4.1.1, dizemos que definimos uma função sobre o conjunto X. O primeiro item da definição significa que a relação definida é *total* e o segundo item significa que a relação é *unívoca*. Note que a definição apresentada tem uma universalidade impressionante, pois os conjuntos X e Y podem ser, a princípio, quaisquer conjuntos. O Exemplo 4.1.2 a seguir ilustra uma situação típica. Já o Exemplo 4.1.3 traz uma abordagem mais numérica.

Exemplo 4.1.2

Consideremos X o conjunto de todos os brasileiros vivos no primeiro dia do ano 2000 e $Y = \mathbb{R}$. Como se sabe, cada pessoa possui uma altura, que é um número real, e nenhuma pessoa possui duas alturas distintas em um mesmo momento. Assim, a relação

$$f = \{(x, y) \in X \times Y \mid y \text{ é a altura da pessoa } x\}$$

cumpre as duas propriedades da Definição 4.1.1, em que temos um exemplo de função de X em Y.

Exemplo 4.1.3

Consideremos $X = \mathbb{Z}$, $Y = \mathbb{Q}$ e a seguinte relação de X em Y:

$$f = \left\{(x, y) \in \mathbb{Z} \times \mathbb{Q} \mid y = \frac{2x-1}{3}\right\}.$$

Mostremos que essa relação é uma função de X em Y. Para verificar a primeira propriedade da Definição 4.1.1, basta notar que, para todo inteiro x_0, o número $\frac{2x_0 - 1}{3}$ é racional e forma par com x_0 na relação f. Para a segunda propriedade, devemos mostrar que se $(x_0, y) \in f$ e $(x_0, z) \in f$, então $y = z$. De fato, $(x_0, y) \in f$ implica $y = \frac{2x_0 - 1}{3}$ e $(x_0, z) \in f$ implica $z = \frac{2x_0 - 1}{3}$, de modo que $y = z$. Temos assim uma função de $\mathbb{Z}$ em $\mathbb{Q}$.

Os próximos exemplos mostram que as propriedades da definição de função são independentes, ou seja, é possível que uma relação cumpra uma das propriedades, mas não a outra. Naturalmente, pode não cumprir nenhuma das duas.

Exemplo 4.1.4

Consideremos o caso em que X e Y são iguais ao conjunto dos números naturais não nulos e seja a relação

$$S = \{(x, y) \in \mathbb{N}^* \times \mathbb{N}^* \mid y \text{ é divisor de } x\}.$$

Notemos que, para $x = 12$, temos que $y = 3$ é tal que $(x, y) \in S$, pois 3 é divisor de 12. Em verdade, para qualquer $x \in \mathbb{N}^*$, podemos tomar $y = x$ e teremos $(x, y) \in S$, pois todo número natural não nulo é divisor de si mesmo. Assim, a propriedade primeira da Definição 4.1.1 é satisfeita. Entretanto, a segunda propriedade não é, pois, por exemplo, temos que $(12,3) \in S$ e $(12,4) \in S$, mas $3 \neq 4$. Portanto, a relação não é uma função definida sobre $\mathbb{N}^*$.

Exemplo 4.1.5

Consideremos agora o caso em que X é o conjunto dos números inteiros e Y é conjunto dos números naturais. Seja a relação

$$S = \{(x, y) \in \mathbb{Z} \times \mathbb{N} \mid x^2 + y^2 = 25\}.$$

No Capítulo 3 (Exemplo 3.3.5), vimos que:

$$S = \{(-5,0), (-4,3), (-3,4), (0,5), (3,4), (4,3), (5,0)\}.$$

Note que a segunda propriedade da definição é satisfeita, pois vemos que não há dois pares distintos em S que tenham abscissas iguais. Mas agora é a primeira propriedade que não é satisfeita: para o número inteiro $x = -2$ não há um número natural y tal que $(-2)^2 + y^2 = 25$. Portanto, a relação dada não é uma função de $\mathbb{Z}$ em $\mathbb{N}$.

Exemplo 4.1.6

Consideremos X e Y iguais ao conjunto de todos os brasileiros vivos no primeiro dia do ano 2000. A relação

$$S = \{(x, y) \in X \times Y \mid x \text{ é a(o) irmã(o) mais nova(o) da pessoa } y\}$$

não cumpre nenhuma das duas propriedades da definição. De fato, como há pessoas que não têm irmãos mais novos, há elementos em X que não formam par com nenhum elemento de Y e, também, se x = "João" é o irmão mais novo de y = "Marcos" e de z = "Paulo", teremos $(x, y) \in S$ e $(x, z) \in S$, mas $y \neq z$. Assim, essa relação não é uma função de X em Y.

DOMÍNIO E CONTRADOMÍNIO DE FUNÇÕES

No caso em que a relação f de X em Y é uma função, a primeira propriedade da Definição 4.1.1 nos diz que $D(f) = X$, ou seja, o domínio de uma função de X em Y

conforme definimos é o conjunto X (veja a Definição 3.3.7). O conjunto Y é chamado de *contradomínio* de f. É importante notar também que as duas propriedades da definição são equivalentes a esta outra:

- para cada elemento $x \in X$ dado, existe um único elemento $y \in Y$ tal que $(x, y) \in f$.

- **Notação:** usamos a notação $f : X \to Y$ para expressar o fato de que a relação f de X em Y é uma função. Além disso, dado $x \in X$, o único elemento $y \in Y$ tal que $(x, y) \in f$ é chamado de *imagem* de x pela função f e será representado por $y = f(x)$. Nesse caso, dizemos que x é a *variável independente* e y é a *variável dependente*.

  Com essas notações, a função f é o seguinte subconjunto de $X \times Y$:

$$f = \{(x, f(x)) \in X \times Y \mid x \in X\}.$$

Exemplo 4.1.7

(a) Para o Exemplo 4.1.2, $D(f) = X$, onde X é o conjunto de todos os brasileiros vivos no primeiro dia do ano 2000 e o contradomínio é o conjunto dos números reais $\mathbb{R}$.

(b) Para o Exemplo 4.1.3, $D(f) = \mathbb{Z}$ e o contradomínio é o conjunto dos números racionais $\mathbb{Q}$.

IMAGEM DE FUNÇÕES

Seja f uma função de X em Y. Como $D(f) = X$, voltando à Definição 3.3.7, vemos que a *imagem* de f, que é um subconjunto do contradomínio Y, é definida pelo conjunto

$$\text{Im}(f) = \{y \in Y \mid (x, y) \in f, \text{ com } x \in X\}.$$

Segundo a notação anterior, podemos escrever:

$$\text{Im}(f) = \{f(x) \mid x \in X\}.$$

Exemplo 4.1.8

(a) Para o Exemplo 4.1.2, $\text{Im}(f)$ é formado por todos os valores numéricos correspondentes às alturas de todos os brasileiros vivos no primeiro dia do ano 2000. Note que $\text{Im}(f) \subset \mathbb{R}$ e certamente não vale a igualdade $\text{Im}(f) = \mathbb{R}$.

(b) Para o Exemplo 4.1.3, Im(f) é o conjunto formado por todos os números racionais que se expressam na forma $y = \frac{2x-1}{3}$, com $x \in \mathbb{Z}$. Verifiquemos que esse conjunto não é igual a $\mathbb{Q}$. Seja $y_0 \in \mathbb{Q}$ um elemento qualquer. Devemos verificar se é possível escrevê-lo na forma $y_0 = \frac{2x_0 - 1}{3}$ para algum $x_0 \in \mathbb{Z}$. Assim, teríamos $y_0 = \frac{2x_0 - 1}{3}$, que é equivalente a $3y_0 = 2x_0 - 1$ e equivalente a $x_0 = \frac{3y_0 + 1}{2}$. Observe que este último não necessariamente é um número inteiro, por exemplo, no caso $y_0 = 0$, teríamos $x_0 = \frac{1}{2}$.

Alguns elementos de Im(f) são $\frac{-7}{3}$, $\frac{-5}{3}$, -1, $\frac{-1}{3}$, $\frac{1}{3}$, 1, $\frac{5}{3}$, $\frac{7}{3}$. Certamente o leitor consegue ter uma ideia de todos os elementos de Im(f).

GRÁFICOS DE FUNÇÕES

Vimos na Seção 3.3 que, para X e Y, subconjuntos do conjunto dos números reais, podemos representar os pontos de uma relação no plano cartesiano, obtendo o que chamamos de *gráfico da relação*. Sendo as funções relações especiais, também construímos seus gráficos. Veja o exemplo a seguir.

Exemplo 4.1.9 (gráficos de funções)

(a) Consideremos os conjuntos $X = \{1, 2, 3, 4, 5, 6, 7\}$, $Y = \mathbb{N}$ e seja $f: X \to Y$ dada por $f(x) = 15 - 2x$. Assim, temos a função

$$f = \{(1, 13), (2, 11), (3, 9), (4, 7), (5, 5), (6, 3), (7, 1)\},$$

cujo gráfico é:

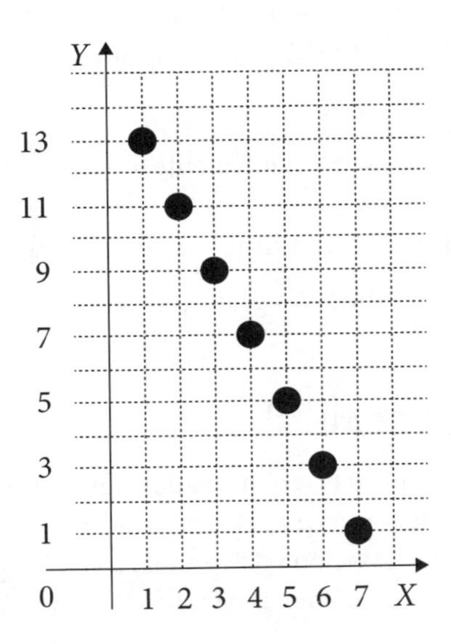

Neste exemplo,

$$D(f)=\{1, 2, 3, 4, 5, 6, 7\} \text{ e } \mathrm{Im}(f)=\{1, 3, 5, 7, 9, 11, 13\}.$$

(b) O gráfico da função $g:\mathbb{R}\to\mathbb{R}$ dada por $g(x)=15-2x$ é a reta suporte do segmento da figura a seguir:

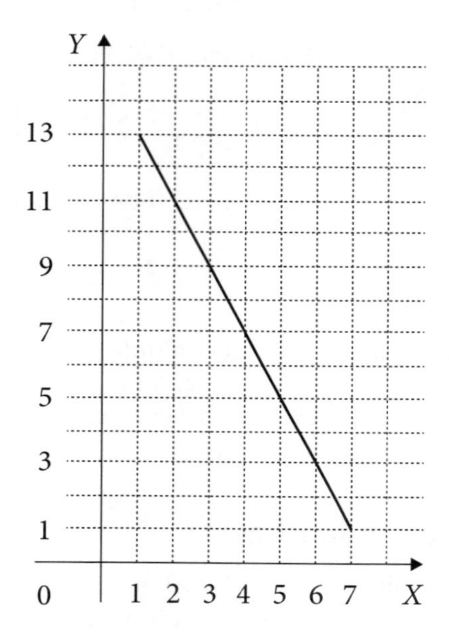

Neste caso, $D(g)=\mathbb{R}$ e $\mathrm{Im}(g)=\mathbb{R}$. Verifiquemos a imagem: ela é o conjunto formado por todos os números reais que se expressam na forma $y=15-2x$, com $x\in\mathbb{R}$. Seja $y_0\in\mathbb{R}$ um elemento qualquer. Devemos verificar se é possível escrevê-lo na forma $y_0=15-2x_0$ para algum $x_0\in\mathbb{R}$. Temos:

$$y_0=15-2x_0 \text{ equivalente a } x_0=\frac{15-y_0}{2}.$$

Observe que este último é um número real para qualquer real y_0 dado.

Convidamos o leitor a esboçar o gráfico da função do Exemplo 4.1.3.

TESTE DAS RETAS VERTICAIS

Quando X e Y são subconjuntos do conjunto dos números reais, podemos conceber um critério geométrico (que chamaremos *teste das retas verticais*) para determinar se uma relação S de X em Y é uma função. Funciona da seguinte maneira: para cada elemento $x_0\in X$ dado, a reta vertical $x=x_0$ deve interceptar o gráfico de S em exatamente um ponto.

Isso é justamente o que ocorre com as relações do Exemplo 4.1.9. Veja:

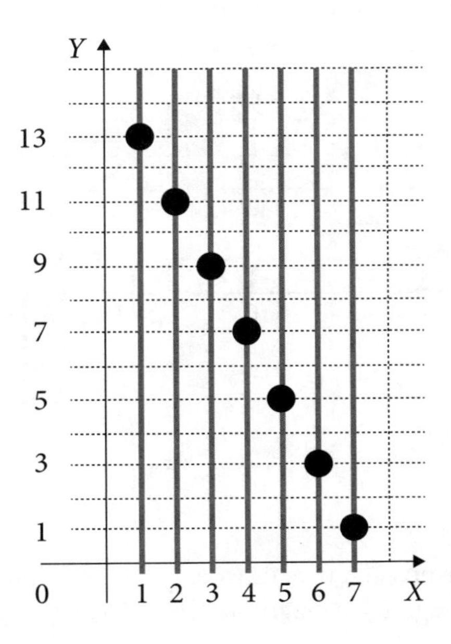

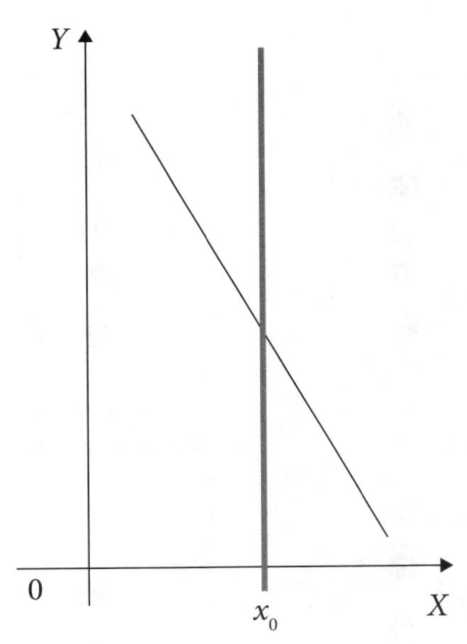

Voltando ao gráfico da relação definida no Exemplo 3.3.5, note que, se traçarmos as retas verticais $x = -5$, $x = -4$, $x = -3$, $x = 0$, $x = 3$, $x = 4$ e $x = 5$, cada uma delas interceptará o gráfico de S em exatamente um ponto, a saber, cada um dos pontos marcados na figura a seguir. No entanto, neste caso, temos por domínio $X = \mathbb{Z}$, e a reta vertical $x = -2$ não toca o gráfico em ponto algum, de modo que, pelo teste das retas verticais, tal relação não é uma função. Já no caso da relação definida no Exemplo 3.3.6, o domínio é $X = \mathbb{R}$ e a reta $x = -2$ toca o gráfico em dois pontos. Note ainda que a reta $x = 6$ não toca o gráfico em ponto algum. Assim, o teste das retas verticais também nos mostra que tal relação não é uma função.

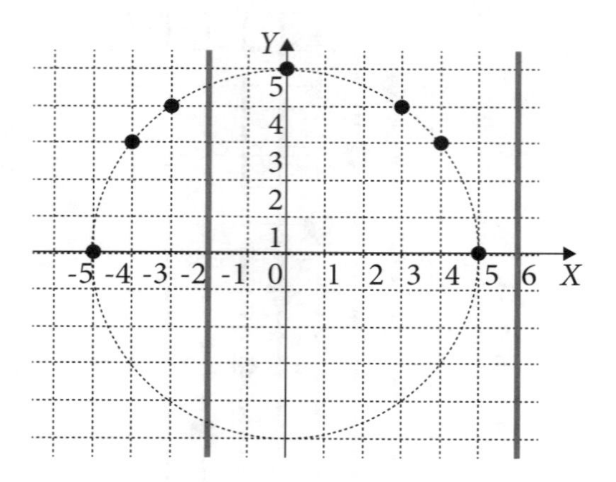

É comum representarmos algumas funções $f : X \to Y$ por um diagrama de flechas como em (a) da figura a seguir. Os diagramas em (b), (c) e (d) não representam funções.

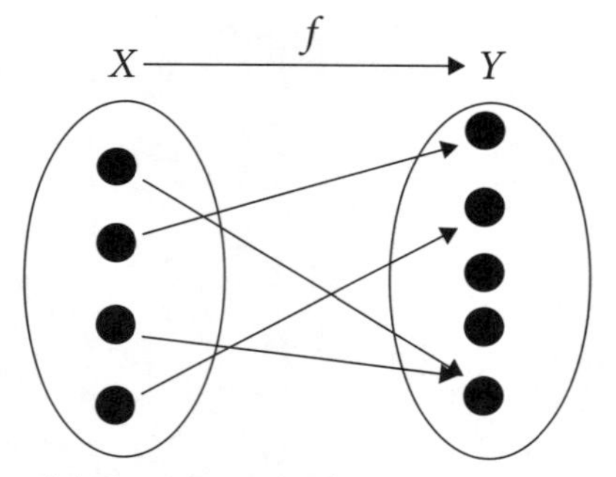

(a) função com domínio em X e contradomínio em Y

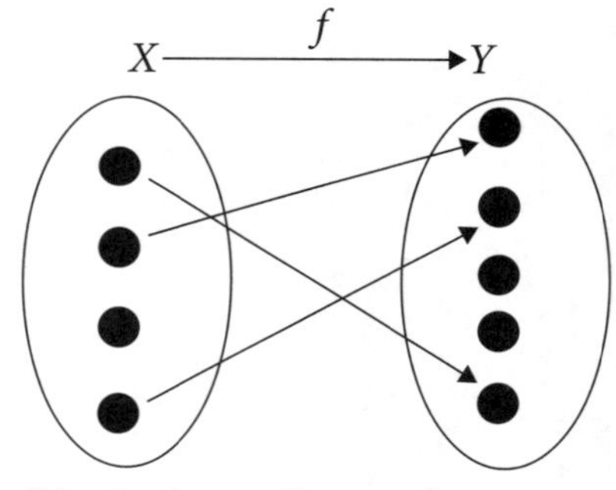

(b) não é uma função de X em Y: falha a primeira propriedade da definição

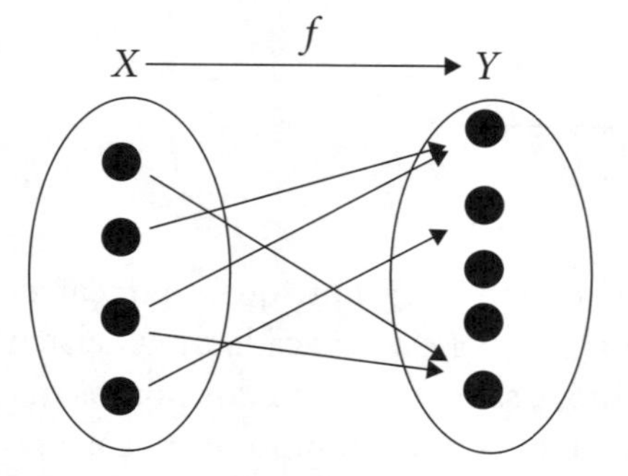

(c) não é uma função de X em Y: falha a segunda propriedade da definição

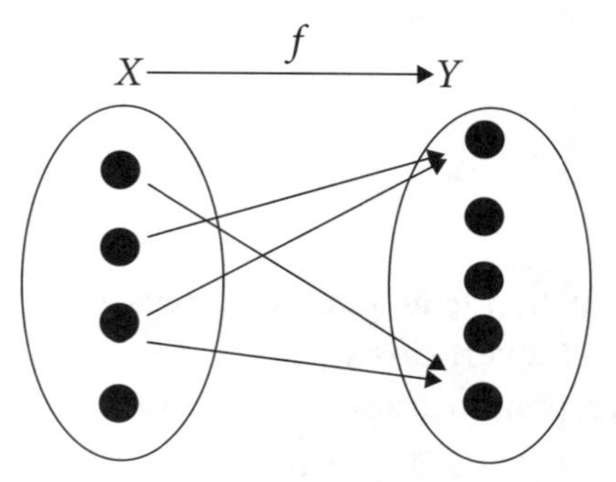

(d) não é uma função de X em Y: ambas as propriedades da definição falham

IGUALDADE DE FUNÇÕES

Os elementos necessários para construir uma função são dois conjuntos X e Y para formarem o domínio e o contradomínio, respectivamente, e uma regra que permita relacionar a cada elemento de X um único elemento de Y. No Exemplo 4.1.9, apesar de as regras usadas para relacionar os elementos do domínio e do contradomínio das funções f e g serem iguais, não podemos afirmar que essas funções são iguais por seus domínios serem diferentes. Para o caso em que os domínios e contradomínios de duas funções são iguais, as notações introduzidas anteriormente permitem deduzir um critério para decidirmos a igualdade dessas duas funções. O teorema a seguir fornece tal critério. Sua demonstração será uma ótima oportunidade para relembrar como demonstramos a igualdade dos conjuntos f e g, onde $f \subset X \times Y$ e $g \subset X \times Y$.

- **Notação:** escrevemos $f = g$ para indicar que as funções f e g são iguais.

Teorema 4.1.10

As funções $f : X \to Y$ e $g : X \to Y$ são iguais se, e somente se, $f(x) = g(x)$, para todo $x \in X$.

Demonstração

Como se trata de um teorema do tipo "se, e somente se", temos duas tarefas a cumprir.

Primeiro, supomos que as funções $f : X \to Y$ e $g : X \to Y$ sejam iguais, o que significa que $f = g$ como conjuntos (ou seja, $f \subset X \times Y$ e $g \subset X \times Y$ têm exatamente os mesmos elementos). Assim, se $x \in X$, a primeira propriedade da Definição 4.1.1 garante que existem $f(x) \in Y$ e $g(x) \in Y$ tais que $(x, f(x)) \in f$ e $(x, g(x)) \in g$. Como $f = g$, todo elemento de g está em f, de modo que $(x, g(x)) \in f$. Portanto, tendo $(x, f(x)) \in f$ e $(x, g(x)) \in f$, a segunda propriedade da definição garante que $f(x) = g(x)$.

Agora, supomos que $f(x) = g(x)$ para todo $x \in X$. Primeiro, se o par (x, y) é um elemento de f, então temos $y = f(x)$, de modo que $y = g(x)$ e, assim, o par (x, y) está também em g. Isso mostra que $f \subset g$. Segundo, se o par (x, y) é um elemento de g, então $y = g(x)$, de modo que $y = f(x)$, em que o par (x, y) está também em f. Assim, $g \subset f$. Logo, as duas inclusões nos dão $f = g$.

■

É importante enfatizar que as funções f e g do Teorema 4.1.10 estão definidas para o mesmo domínio e mesmo contradomínio. Se fosse diferente, já não faria sentido pensar na igualdade das funções. Em resumo: para que duas funções f e g sejam iguais, elas devem possuir mesmo domínio e mesmo contradomínio, além de satisfazer $f(x) = g(x)$ para todo elemento x do domínio.

- **Notação:** quando se fizer necessário, utilizaremos a notação $\mathbb{R}\setminus\{a,b,c,\ldots\}$ para denotar o conjunto dos números reais, excluindo-se os elementos $a,b,c,\ldots$

Exemplo 4.1.11

Consideremos as seguintes relações do conjunto dos números reais não negativos $\mathbb{R}_+$ em $\mathbb{R}$:

$$f=\left\{(x,y)\in\mathbb{R}_+\times\mathbb{R} \mid y=\frac{x^2+5x+6}{x+3}\right\}$$

e

$$g=\left\{(x,y)\in\mathbb{R}_+\times\mathbb{R} \mid y=\frac{x^2+7x+10}{x+5}\right\}.$$

De modo semelhante ao que fizemos no Exemplo 4.1.3, podemos mostrar que essas relações são funções $f:\mathbb{R}_+\to\mathbb{R}$ e $g:\mathbb{R}_+\to\mathbb{R}$ dadas por:

$$f(x)=\frac{x^2+5x+6}{x+3} \text{ e } g(x)=\frac{x^2+7x+10}{x+5}$$

(esse é um bom exercício para o leitor). Como o domínio dessas funções é o conjunto $\mathbb{R}_+$, temos que os valores que a variável x pode assumir nessas expressões são diferentes de -3 e de -5. Assim, podemos realizar simplificações nas expressões e, para todo $x\in\mathbb{R}_+$, obtemos:

$$\frac{x^2+5x+6}{x+3}=\frac{(x+2)(x+3)}{x+3}=x+2$$

e

$$\frac{x^2+7x+10}{x+5}=\frac{(x+2)(x+5)}{x+5}=x+2.$$

Portanto, para todo $x\in\mathbb{R}_+$ temos $f(x)=g(x)$, de modo que, no domínio dos números reais não negativos, as funções *f* e *g* são iguais.

Em verdade, a expressão algébrica $\frac{x^2+5x+6}{x+3}$ pode ser considerada em um "domínio" mais amplo: notando que só não podemos substituir a variável x pelo número real -3, pois teríamos uma divisão por zero. Essa expressão pode ser usada para definir uma função com domínio $\mathbb{R}\setminus\{-3\}$. De modo análogo, a expressão algébrica $\frac{x^2+7x+10}{x+5}$ pode ser usada para definir uma função em $\mathbb{R}\setminus\{-5\}$. Observamos que, nesses novos domínios, as funções não são iguais.

Quando estudamos funções cujo domínio e contradomínio são subconjuntos do conjunto dos números reais, o procedimento de "expansão do domínio" apresentado no Exemplo 4.1.11 é padrão: eliminamos do conjunto dos números reais aqueles números para os quais a expressão não faz sentido – em geral eliminamos divisões por zero, raízes quadradas de números negativos... – e obtemos o novo domínio. Nesse sentido, a função do Exemplo 4.1.3 pode ser considerada no domínio de todos os números reais. É comum usar uma dada expressão algébrica para definirmos uma função cujo domínio é admitido ser o maior subconjunto do conjunto dos números reais para os quais a expressão tenha sentido. A seguir apresentamos alguns casos típicos:

1. O domínio da função $f(x)=\dfrac{x^2+8x+7}{x^2-5x+6}$ é o conjunto de todos os números reais que não anulam x^2-5x+6, ou seja, $D(f)=\{x\in\mathbb{R}\mid x\neq 2 \text{ e } x\neq 3\}$.
2. O domínio da função $g(x)=\sqrt{2x-5}$ é o conjunto de todos os números reais para os quais $2x-5$ não seja negativo. Assim, $D(g)=\{x\in\mathbb{R}\mid x\geq 5/2\}$.
3. O domínio da função $h(x)=\sqrt{16-x^2}$ é o conjunto $D(h)=\{x\in\mathbb{R}\mid -4\leq x\leq 4\}$.

4.2 FUNÇÕES INJETORAS, SOBREJETORAS E BIJETORAS

É oportuno enfatizar que, para uma dada relação $f\subset X\times Y$ ser uma função de X em Y, cada elemento x de X deve estar associado a um único elemento y de Y. Mas bem pode acontecer que elementos distintos x_1 e x_2 de X estejam associados ao mesmo elemento y de Y. No Exemplo 4.1.2, temos uma função onde pode haver duas pessoas, x_1 = "João" e x_2 = "Paulo", ambas com a mesma altura y = 1,80 m. As funções em que isso *não* ocorre recebem nome especial, como veremos a seguir.

Definição 4.2.1

Dizemos que a função $f: X\to Y$ é *injetora* quando, se $x_1, x_2\in X$ são tais que $x_1\neq x_2$, então $f(x_1)\neq f(x_2)$.

- ***Observação***: em palavras, uma função é injetora se elementos de X distintos possuem imagens distintas. Uma formulação equivalente é dizer que elementos de X que possuem a mesma imagem são iguais, ou seja,

$$\text{se } x_1, x_2\in X \text{ são tais que } f(x_1)=f(x_2), \text{ então } x_1=x_2.$$

Na figura a seguir, o diagrama em (a) mostra uma função injetora; já o diagrama em (b) representa uma função, mas que não é injetora. O diagrama em (a) ilustra um fato importante sobre as funções injetoras: se X e Y são conjuntos finitos e se existe uma função injetora de X em Y, então o número de elementos do conjunto X não excede ao de Y.

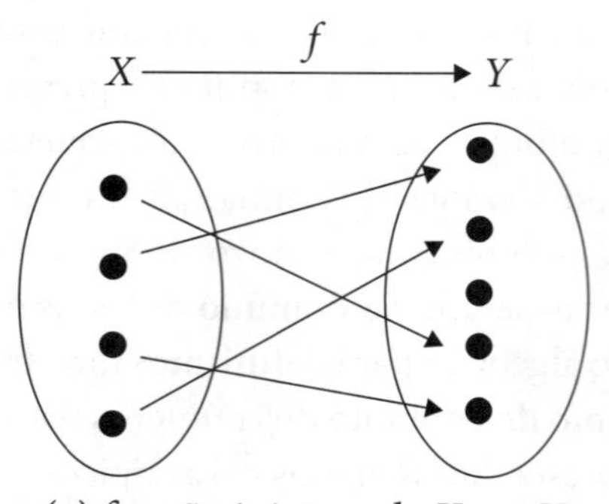

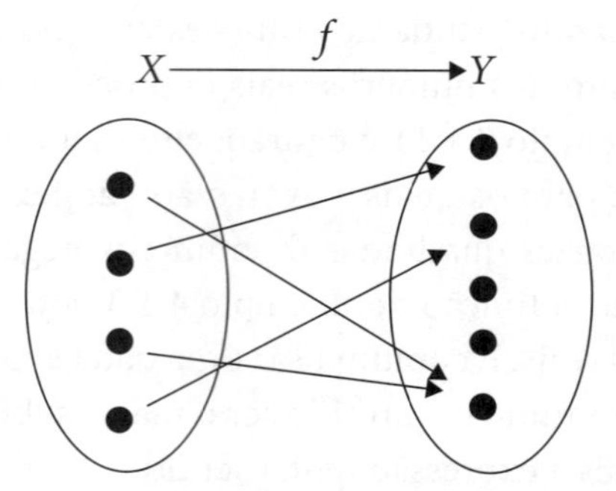

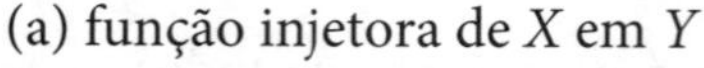
(a) função injetora de X em Y

(b) função não injetora de X em Y

Exemplo 4.2.2

(a) Consideremos a função $f:\mathbb{R}\setminus\{2\}\to\mathbb{R}$ dada por $f(x)=\dfrac{5x-3}{x-2}$. Mostremos que essa função é injetora. De fato, se $x_1,x_2\in\mathbb{R}\setminus\{2\}$ são tais que $f(x_1)=f(x_2)$, então:

$$\frac{5x_1-3}{x_1-2}=\frac{5x_2-3}{x_2-2}.$$

Assim,

$$(5x_1-3)(x_2-2)=(5x_2-3)(x_1-2).$$

Efetuando os produtos,

$$5x_1x_2-10x_1-3x_2+6 = 5x_2x_1-10x_2-3x_1+6.$$

Agrupando os termos semelhantes,

$$10x_2-3x_2=10x_1-3x_1,$$

ou seja,

$$7x_2=7x_1.$$

Logo,

$$x_2=x_1.$$

Isso mostra que a única possibilidade para que dois elementos tenham a mesma imagem é que esses elementos sejam iguais.

(b) Consideremos a função $f:\mathbb{R}\to\mathbb{R}$ dada por $f(x)=|x|$. Este é um exemplo simples de uma função que não é injetora, pois se $x_1,x_2\in\mathbb{R}$ são tais que $f(x_1)=f(x_2)$, então $|x_1|=|x_2|$, o que não significa que $x_1=x_2$ (por exemplo, podemos tomar $x_1=1$ e $x_2=-1$). Observamos que, resolvendo a igualdade $|x_1|=|x_2|$, chegaríamos a $x_1=\pm x_2$.

Também é importante enfatizar que, em uma função $f:X\to Y$, cada elemento de X tem de estar associado a algum (na verdade, um único) elemento de Y. Mas pode acontecer que algum elemento de Y não se associe a nenhum elemento de X. Isso ocorre na função do Exemplo 4.1.2, onde certamente não encontraremos uma pessoa $x\in X$ com $y=50$ metros de altura. As funções em que todos os elementos de Y estão associados a elementos de X também recebem nome especial, como veremos a seguir:

Definição 4.2.3

Dizemos que a função $f:X\to Y$ é *sobrejetora* quando, para cada elemento $y_0\in Y$ dado, existe um elemento $x_0\in X$ tal que $y_0=f(x_0)$, ou seja, quando $\mathrm{Im}(f)=Y$.

Em outros termos, para mostrar que uma dada função $f:X\to Y$ é sobrejetora, devemos verificar que, para cada elemento $y_0\in Y$ dado, a equação $y_0=f(x)$, de incógnita x, possui pelo menos uma solução x_0 em X. Ou seja, a função $f:X\to Y$ é sobrejetora se, e somente se, a imagem de f, $\mathrm{Im}(f)$, é igual ao contradomínio Y. Na figura a seguir, o diagrama em (a) mostra uma função sobrejetora; já o diagrama em (b) mostra uma função que não é sobrejetora. Como no caso da injetividade, também podemos tirar conclusões sobre o número de elementos de X e Y quando há uma função $f:X\to Y$ sobrejetora: se X e Y são conjuntos finitos e se existe uma função sobrejetora de X em Y, então o número de elementos do conjunto Y não excede ao de X.

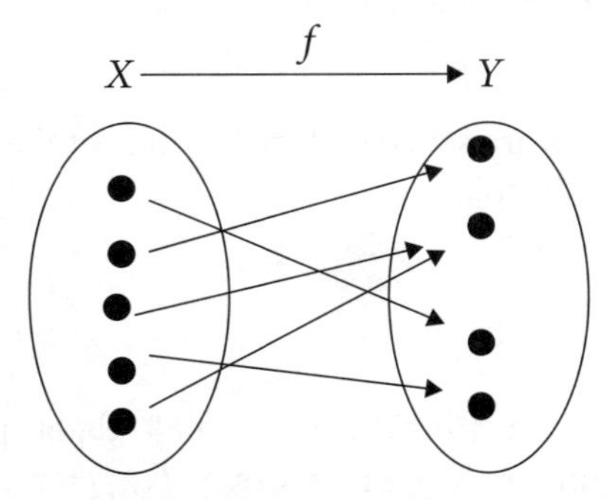

(a) função sobrejetora de X em Y

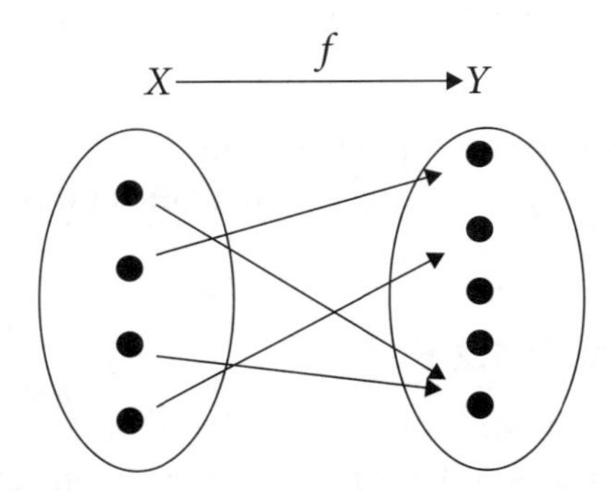

(b) função não sobrejetora de X em Y

Exemplo 4.2.4

(a) Voltemos ao Exemplo 4.2.2(a). A fim de verificarmos se a função $f:\mathbb{R}\setminus\{2\}\to\mathbb{R}$ dada por $f(x)=\dfrac{5x-3}{x-2}$ é sobrejetora, devemos encontrar solução para a equação $y_0 = f(x)$, qualquer que seja $y_0 \in \mathbb{R}$. Para resolvermos uma equação, o método mais comum é aquele em que isolamos a incógnita. Vejamos:

$$\begin{aligned} y_0 = \frac{5x-3}{x-2} &\Leftrightarrow y_0(x-2) = 5x-3 \\ &\Leftrightarrow y_0x - 2y_0 = 5x-3 \\ &\Leftrightarrow y_0x - 5x = 2y_0 - 3 \\ &\Leftrightarrow x(y_0 - 5) = 2y_0 - 3. \end{aligned}$$

Agora, para determinar o valor de x, somente podemos efetuar a divisão por $y_0 - 5$ quando y_0 for diferente de 5. Mas, então, não conseguimos resolver a equação $y_0 = f(x)$ para $y_0 = 5$, de modo que a função não é sobrejetora.

Com isso, vemos que o contradomínio de f possui um elemento que não é imagem de nenhum elemento do domínio. Agora, se o contradomínio da função fosse o conjunto $\mathbb{R} \setminus \{5\}$, aí sim teríamos uma função sobrejetora. Assim, a função $g : \mathbb{R} \setminus \{2\} \to \mathbb{R} \setminus \{5\}$ dada por $g(x) = \frac{5x-3}{x-2}$ é sobrejetora. Como isso em nada muda o procedimento que apresentamos no Exemplo 4.2.2(a), temos definida uma função g que é ao mesmo tempo injetora e sobrejetora. Funções com essa propriedade recebem nome especial, como veremos na Definição 4.2.5.

(b) Voltando ao Exemplo 4.2.2(b), é fácil notar que a função $f : \mathbb{R} \to \mathbb{R}$ dada por $f(x) = |x|$ não é sobrejetora. Basta escolher um número real negativo y_0 e ver que y_0 não pertence à imagem de f.

Definição 4.2.5

Dizemos que a função $f : X \to Y$ é *bijetora* se f é injetora e sobrejetora.

Talvez o exemplo mais conhecido de função bijetora seja o de função polinomial do primeiro grau, o que apresentamos no próximo exemplo.

Exemplo 4.2.6

Sejam $a, b \in \mathbb{R}$, com $a \neq 0$, e consideremos a função $f : \mathbb{R} \to \mathbb{R}$ dada por $f(x) = ax + b$. Para mostrar que f é injetora, sejam $x_1, x_2 \in \mathbb{R}$ tais que $f(x_1) = f(x_2)$. Então:

$$ax_1 + b = ax_2 + b \Rightarrow ax_1 = ax_2 \Rightarrow x_1 = x_2,$$

em que a última implicação decorre do fato de que $a \neq 0$. Para mostrar que f é sobrejetora, seja $y_0 \in \mathbb{R}$ e vamos resolver a equação $y_0 = f(x)$ de incógnita x. Temos:

$$ax + b = y_0 \Leftrightarrow ax = y_0 - b \Leftrightarrow x = \frac{y_0 - b}{a},$$

em que novamente usamos o fato de que $a \neq 0$. Assim, $x_0 = \dfrac{y_0 - b}{a}$ é a solução da equação e *f* é sobrejetora. Logo, *f* é uma função bijetora.

É importante que o leitor compreenda que há funções apenas injetoras, apenas sobrejetoras, bijetoras e há ainda funções que não são nem injetoras nem sobrejetoras.

- ***Observação***: no caso em que a função $f : X \rightarrow Y$ é injetora, dado $y_0 \in Y$, a equação $y_0 = f(x)$ poderá não ter solução, mas, se tiver, tal solução será única. Já sabemos que a função é sobrejetora se, e somente se, a equação $y_0 = f(x)$, de incógnita *x*, possui solução para todo $y_0 \in Y$. Assim, a função $f : X \rightarrow Y$ é bijetora se, e somente se, para cada $y_0 \in Y$, a equação $y_0 = f(x)$, de incógnita *x*, possui uma única solução.

TESTE DAS RETAS HORIZONTAIS

Quando o domínio *X* e o contradomínio *Y* da função *f* são ambos subconjuntos do conjunto dos números reais, as observações do parágrafo anterior fornecem um critério geométrico (que chamaremos *teste das retas horizontais*) para se determinar quando uma função $f : X \rightarrow Y$ é injetora, sobrejetora ou bijetora. O teste se baseia no fato de que a abscissa de um ponto onde a reta horizontal $y = y_0$ intercepta o gráfico de *f* será solução da equação $y_0 = f(x)$. Funciona da seguinte maneira:

- A função $f : X \rightarrow Y$ é injetora se, e somente se, para cada $y_0 \in Y$, a reta $y = y_0$ intercepta o gráfico de *f* em no máximo um ponto.
- A função $f : X \rightarrow Y$ é sobrejetora se, e somente se, para cada $y_0 \in Y$, a reta $y = y_0$ intercepta o gráfico de *f* em no mínimo um ponto.
- A função $f : X \rightarrow Y$ é bijetora se, e somente se, para cada $y_0 \in Y$, a reta $y = y_0$ intercepta o gráfico de *f* em exatamente um ponto.

- **Notação:** é também comum encontrarmos a apresentação de uma função das seguintes maneiras:

$$\begin{array}{l} f : X \rightarrow Y \\ x \mapsto f(x) \end{array} \quad \text{ou} \quad \begin{array}{l} f : X \rightarrow Y \\ y = f(x). \end{array}$$

Por exemplo, quando escrevemos:

$$\begin{array}{l} f : \mathbb{N} \rightarrow \mathbb{Z} \\ x \mapsto -3x^2 + 8 \end{array} \quad \text{ou} \quad \begin{array}{l} f : \mathbb{N} \rightarrow \mathbb{Z} \\ y = f(x) = -3x^2 + 8 \end{array} \quad \text{ou} \quad \begin{array}{l} f : \mathbb{N} \rightarrow \mathbb{Z} \\ f(x) = -3x^2 + 8, \end{array}$$

estamos definindo a função $f:\mathbb{N}\to\mathbb{Z}$ que a cada natural x associa o inteiro $-3x^2+8$.

Os gráficos a seguir ilustram a aplicação do teste das retas horizontais.

(a) Esta função não é injetora, pois a reta $y = -0{,}6$ toca o gráfico em mais de um ponto. Também não é sobrejetora, pois a reta $y = 2$ não toca o gráfico em nenhum ponto. Mas seria sobrejetora caso o contradomínio fosse o intervalo $[-1,1]$.

$f:\mathbb{R}\to\mathbb{R}$

$x \mapsto f(x) = \operatorname{sen} x$

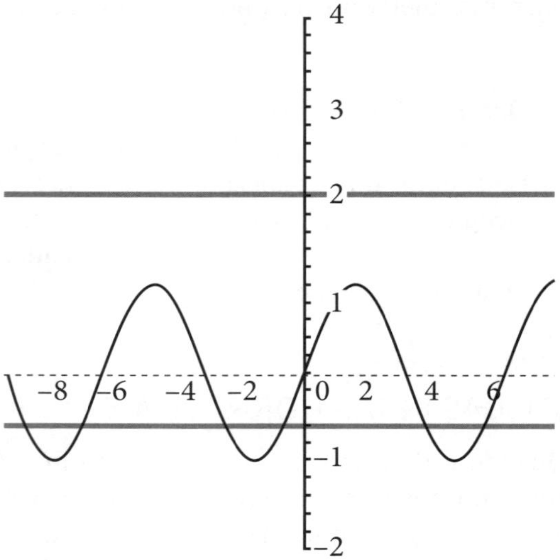

(b) Esta função não é sobrejetora, pois a reta $y = -0{,}5$ não toca o gráfico em nenhum ponto; mas é injetora, pois cada reta horizontal toca o gráfico em no máximo um ponto. Note que seria bijetora caso o contradomínio fosse o intervalo $(0,\infty)$.

$f:\mathbb{R}\to\mathbb{R}$

$x \mapsto f(x) = 2^x$

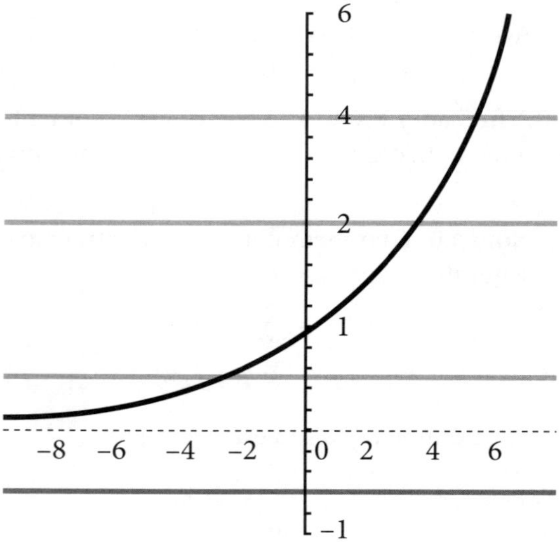

(c) Esta função é sobrejetora, pois toda reta horizontal toca o gráfico em no mínimo um ponto; mas não é injetora, pois a reta $y = 1$ toca o gráfico em mais de um ponto.

$$f : \mathbb{R} \to \mathbb{R}$$
$$x \mapsto f(x) = \frac{x^3 - 4x^2 - 7x + 10}{8}$$

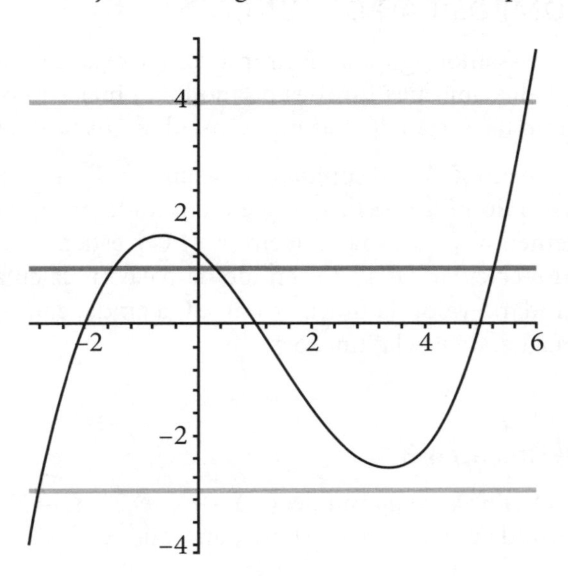

(d) Esta função é sobrejetora, pois toda reta horizontal toca o gráfico em no mínimo um ponto; também é injetora, pois cada reta horizontal toca o gráfico em no máximo um ponto. Assim, a função é bijetora.

$$f : \mathbb{R}_+ \to \mathbb{R}$$
$$x \mapsto f(x) = \ln x$$

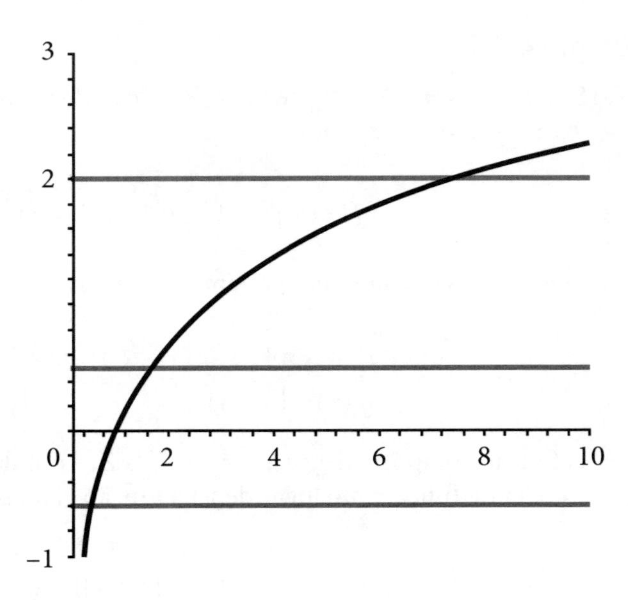

4.3 COMPOSIÇÃO DE FUNÇÕES E INVERSA DE UMA FUNÇÃO

COMPOSIÇÃO DE FUNÇÕES

Passamos agora a discutir a composição de funções. Trata-se de uma maneira de operar com duas funções de modo a obter como resultado uma nova função, assim como na adição de dois números, obtemos um novo número.

Sejam X, Y e Z conjuntos e sejam $f: X \to Y$ e $g: Y \to Z$ duas funções. Notemos que o domínio da função g é o contradomínio da função f, de modo que, para cada elemento $x \in X$, sua imagem $y = f(x)$ está no domínio da função g e, então, faz sentido "calcular" $g(y)$. O sentido da palavra "calcular" empregado aqui é que podemos estudar o valor da função g em y. Ou ainda, como já dissemos antes, podemos obter a imagem de y pela função g.

Definição 4.3.1

A *função composta* de $g: Y \to Z$ e $f: X \to Y$, nessa ordem, é a função $h: X \to Z$ definida por $h(x) = g\big(f(x)\big)$, para todo $x \in X$.

- **Notação:** representamos a função composta de g e f, nessa ordem, por $g \circ f$, onde se lê "g composta com f". Escrevemos: $(g \circ f)(x) = g\big(f(x)\big)$, para todo $x \in X$.

Exemplo 4.3.2

(a) Sejam $X = \mathbb{R}$, $Y = \mathbb{R}_+$ e $Z = \mathbb{R}$. Consideremos as funções $f: X \to Y$ e $g: Y \to Z$ definidas por:

$$f(x) = |x - 4| \quad \text{e} \quad g(y) = \sqrt{y^3 + 2}.$$

Lembramos que também podemos escrever:

$$\begin{aligned} f &: X \to Y \\ f(x) &= |x-4| \end{aligned} \qquad \text{e} \qquad \begin{aligned} g &: Y \to Z \\ y &\mapsto \sqrt{y^3+2}. \end{aligned}$$

A função composta de g e f, $g \circ f: X \to Z$, é obtida substituindo-se a expressão $|x - 4|$ da função f no lugar de y na função g, ou seja,

$$(g \circ f)(x) = g\big(f(x)\big) = g\big(|x-4|\big) = \sqrt{\big(|x-4|\big)^3 + 2}.$$

Assim, a composta de g e f é a função $g \circ f: \mathbb{R} \to \mathbb{R}$ dada por:

$$(g \circ f)(x) = \sqrt{(|x-4|)^3 + 2}.$$

Agora, a função composta de *f* e *g*, $f \circ g : Y \to Y$ (note que $Z = X$), é obtida calculando-se $(f \circ g)(y)$, para todo $y \in Y$. Assim, substituímos a expressão $\sqrt{y^3 + 2}$ da função *g* no lugar de *x* na função *f*, ou seja,

$$(f \circ g)(y) = f(g(y)) = f\left(\sqrt{y^3 + 2}\right) = \left|\sqrt{y^3 + 2} - 4\right|.$$

Assim, a composta de *f* e *g* está definida e é a função $f \circ g : \mathbb{R}_+ \to \mathbb{R}_+$ dada por:

$$(f \circ g)(y) = \left|\sqrt{y^3 + 2} - 4\right|.$$

(b) Sejam $X = \mathbb{R}$, $Y = \{x \in \mathbb{R} \mid x \geq -1\}$ e $Z = \mathbb{R}_+$. Consideremos as funções $f : X \to Y$ e $g : Y \to Z$ definidas por:

$$f(x) = 2^x - 1 \text{ e } g(y) = \sqrt{y+1}.$$

A função composta de *g* e *f*, $g \circ f : X \to Z$, é obtida substituindo-se a expressão $2^x - 1$ da função *f* no lugar de *y* na função *g*, ou seja:

$$(g \circ f)(x) = g(f(x)) = g\left(2^x - 1\right) = \sqrt{\left(2^x - 1\right) + 1} = \sqrt{2^x}.$$

Assim, a composta de *g* e *f* é a função $g \circ f : \mathbb{R} \to \mathbb{R}_+$ dada por:

$$(g \circ f)(x) = \sqrt{2^x}.$$

Já a composta de *f* e *g*, que deveria ser uma função $f \circ g : Y \to Y$, não está definida. Isso porque o domínio da função *f* não coincide com o contradomínio da função *g*. Notemos que $f \circ g$ seria uma função para a qual deveríamos calcular $(f \circ g)(y) = f(g(y))$, para todo $y \in Y$. É fato que $g(y) = \sqrt{y+1}$, pertencente a $Z = \mathbb{R}_+$, pode ser calculado para todo $y \in Y = \{x \in \mathbb{R} \mid x \geq -1\}$, em que podemos calcular $f(g(y)) = 2^{g(y)} - 1$. No entanto, *Z* não coincide com o domínio $X = \mathbb{R}$ da função *f* (ainda que $Z \subset X$) e, assim, $f \circ g$ não satisfaz a Definição 4.3.1.

Vimos com o exemplo anterior que nem sempre a igualdade $g \circ f = f \circ g$ ocorre. Em verdade, pode ocorrer que um dos membros dessa igualdade sequer esteja definido (convidamos o leitor a ver o Exercício 17 deste capítulo).

Quando as funções *f* e *g* são injetoras ou sobrejetoras, a função $g \circ f$ herda essas propriedades. Isso é parte do que mostramos no teorema a seguir, que resume as principais propriedades da composição de funções.

Teorema 4.3.3

Sejam X, Y, Z e W conjuntos.

(a) Se $f: X \to Y$ e $g\ Y \to Z$ são funções injetoras, então $g \circ f: X \to Z$ também é uma função injetora.

(b) Se $f: X \to Y$ e $g: Y \to Z$ são funções sobrejetoras, então $g \circ f: X \to Z$ também é uma função sobrejetora.

(c) Se $f: X \to Y$ e $g: Y \to Z$ são funções bijetoras, então $g \circ f: X \to Z$ também é uma função bijetora.

(d) A composição de funções satisfaz a propriedade associativa, isto é, para quaisquer funções $f: X \to Y$, $g: Y \to Z$ e $h: Z \to W$, tem-se

$$(h \circ g) \circ f = h \circ (g \circ f).$$

(e) Sendo $f: X \to Y$ uma função, existe uma função $I_X: X \to X$ e uma função $I_Y: Y \to Y$ tais que:

$$I_Y \circ f = f \text{ e } f \circ I_X = f.$$

(f) Se $f: X \to Y$ é uma função bijetora, então existe uma função bijetora $g: Y \to X$ tal que:

$$g \circ f = I_X \text{ e } f \circ g = I_Y.$$

Demonstração

(a) Consideremos $x_1, x_2 \in X$ e sejam $y_1, y_2 \in Y$ as imagens de x_1 e x_2 pela função f, respectivamente. Escrevemos $y_1 = f(x_1)$ e $y_2 = f(x_2)$. Para verificarmos que $g \circ f$ é injetora, suponhamos $(g \circ f)(x_1) = (g \circ f)(x_2)$. Assim, $g(f(x_1)) = g(f(x_2))$, ou seja, $g(y_1) = g(y_2)$. Como g é injetora, isso implica que $y_1 = y_2$, o que nos dá $f(x_1) = f(x_2)$. Mas agora o fato de que f também é injetora garante que $x_1 = x_2$. Isso mostra que a única possibilidade para que dois elementos tenham a mesma imagem pela função $g \circ f$ é que esses elementos sejam iguais. Logo $g \circ f$ é injetora.

(b) Como já observamos antes, para mostrarmos que a função $g \circ f: X \to Z$ é sobrejetora, dado qualquer elemento $z_0 \in Z$, devemos mostrar que a equação $(g \circ f)(x) = z_0$, de incógnita x, tem pelo menos uma solução em X. Mas por ser sobrejetora a função g, a equação $g(y) = z_0$, de incógnita y, possui uma solução $y_0 \in Y$, ou seja, $g(y_0) = z_0$. E, por ser sobrejetora a função f, a equação $f(x) = y_0$, de incógnita x, tem uma solução $x_0 \in X$, isto é, $f(x_0) = y_0$. Logo, $(g \circ f)(x_0) = g(f(x_0)) = g(y_0) = z_0$, de modo que x_0 é solução da equação $(g \circ f)(x) = z_0$.

(c) Este item é consequência imediata dos itens (a) e (b).

(d) Primeiramente, note que as funções $(h \circ g) \circ f$ e $h \circ (g \circ f)$ possuem mesmo domínio e contradomínio, estando ambas definidas de X em W. Pelo Teorema 4.1.10, para mostrarmos a igualdade entre essas funções, devemos mostrar que, para todo $x \in X$, vale a igualdade:

$$[(h \circ g) \circ f](x) = [h \circ (g \circ f)](x).$$

Para isso, sejam $f(x) = y$, $g(y) = z$ e $h(z) = t$, com $x \in X$, $y \in Y$, $z \in Z$ e $t \in W$. Então:

$$[(h \circ g) \circ f](x) = (h \circ g)(f(x)) = (h \circ g)(y) = h(g(y)) = h(z) = t$$

e

$$[h \circ (g \circ f)](x) = h((g \circ f)(x)) = h(g(f(x))) = h(g(y)) = h(z) = t,$$

donde temos a igualdade desejada.

(e) Definamos duas funções $I_X : X \to X$ e $I_Y : Y \to Y$ por: $I_X(x) = x$, para todo $x \in X$, e $I_Y(y) = y$, para todo $y \in Y$. Então, escolhendo $x \in X$ e escrevendo $f(x) = y$, temos:

$$(I_Y \circ f)(x) = I_Y(f(x)) = I_Y(y) = y = f(x)$$

e

$$(f \circ I_X)(x) = f(I_X(x)) = f(x).$$

Uma vez que as funções f e $I_Y \circ f$ possuem o mesmo domínio e contradomínio, e isso também é verdade para as funções f e $f \circ I_X$, pelo Teorema 4.1.10, segue que $I_Y \circ f = f$ e $f \circ I_X = f$.

(f) Seja $g = \{(y, x) \in Y \times X \mid y = f(x)\}$. Primeiramente, mostremos que g é uma função. Já tivemos a oportunidade de comentar com o leitor que a função $f : X \to Y$ é bijetora se, e somente se, para cada $y_0 \in Y$, a equação $y_0 = f(x)$, de incógnita x, possui uma única solução $x_0 \in X$. Sendo f bijetora por hipótese, para cada $y_0 \in Y$, existe e é único o elemento $x_0 \in X$ tal que o par (y_0, x_0) está em g. Isso é suficiente para mostrarmos que g cumpre as duas condições da Definição 4.1.1. Pela notação introduzida antes do Exemplo 4.1.7, temos que $x_0 = g(y_0)$ é equivalente a $(y_0, x_0) \in g$, que pela definição de g é o mesmo que $(x_0, y_0) \in f$, ou seja, $y_0 = f(x_0)$. Com isso, temos:

- a igualdade $(g \circ f)(x_0) = g(f(x_0)) = g(y_0) = x_0 = I_X(x_0)$ verdadeira para todo $x_0 \in X$;

- a igualdade $(f \circ g)(y_0) = f(g(y_0)) = f(x_0) = y_0 = I_Y(y_0)$ verdadeira para todo $y_0 \in Y$.

Observando que $g \circ f$ e I_X têm mesmo domínio e contradomínio e o mesmo vale para $f \circ g$ e I_Y, o Teorema 4.1.10 nos dá $g \circ f = I_X$ e $f \circ g = I_Y$.

■

FUNÇÃO IDENTIDADE E A INVERSA DE UMA FUNÇÃO

As funções I_X e I_Y apresentadas no item (e) do Teorema 4.3.3 recebem o nome de *função identidade* em *X* e *Y*, respectivamente, dado o fato de que a imagem de um elemento é o próprio. Já a função g que aparece no item (f) recebe o nome de *função inversa* de *f* e geralmente é representada por f^{-1}. Quando uma função possui uma inversa, o procedimento geralmente usado para encontrar f^{-1} é escrever $y = f(x)$ e isolar a variável *x*. Esse método é ilustrado no próximo exemplo.

Exemplo 4.3.4

No Exemplo 4.2.4(a) já tivemos a oportunidade de mostrar que a função $g : \mathbb{R} \setminus \{2\} \to \mathbb{R} \setminus \{5\}$ dada por $g(x) = \dfrac{5x-3}{x-2}$ é bijetora. Encontremos sua inversa. Fazendo $y = g(x)$ e isolando a variável *x*, temos:

$$
\begin{aligned}
y = \frac{5x-3}{x-2} &\Rightarrow y(x-2) = 5x-3 \\
&\Rightarrow yx - 2y = 5x - 3 \\
&\Rightarrow yx - 5x = 2y - 3 \\
&\Rightarrow x(y-5) = 2y - 3 \\
&\Rightarrow x = \frac{2y-3}{y-5}.
\end{aligned}
$$

Assim, a função $g^{-1} : \mathbb{R} \setminus \{5\} \to \mathbb{R} \setminus \{2\}$ dada por $g^{-1}(y) = \dfrac{2y-3}{y-5}$ é a inversa procurada. De fato, verifiquemos o item (f) do Teorema 4.3.3:

$$
(g^{-1} \circ g)(x) = g^{-1}(g(x)) = \frac{2(g(x))-3}{g(x)-5} = \frac{2\left(\dfrac{5x-3}{x-2}\right)-3}{\dfrac{5x-3}{x-2}-5}
$$

$$= \frac{\frac{10x-6}{x-2}-3}{\frac{5x-3}{x-2}-5} = \frac{\frac{10x-6}{x-2}-\frac{3(x-2)}{x-2}}{\frac{5x-3}{x-2}-\frac{5(x-2)}{x-2}}$$

$$= \frac{(10x-6)-(3x-6)}{(5x-3)-(5x-10)} = \frac{7x}{7} = x = I_X(x).$$

Agora,

$$\left(g \circ g^{-1}\right)(y) = g\left(g^{-1}(y)\right) = \frac{5\left(g^{-1}(y)\right)-3}{g^{-1}(y)-2} = \frac{5\left(\frac{2y-3}{y-5}\right)-3}{\frac{2y-3}{y-5}-2}$$

$$= \frac{\frac{10y-15}{y-5}-3}{\frac{2y-3}{y-5}-2} = \frac{\frac{10y-15}{y-5}-\frac{3(y-5)}{y-5}}{\frac{2y-3}{y-5}-\frac{2(y-5)}{y-5}}$$

$$= \frac{(10y-15)-(3y-15)}{(2y-3)-(2y-10)} = \frac{7y}{7} = y = I_Y(y).$$

EXERCÍCIOS PROPOSTOS

1. Dados os conjuntos X e Y, verifique, em cada caso, se a relação $f \subset X \times Y$ é uma função.

   a) Consideremos $X = \mathbb{R}$, Y o conjunto de todos os brasileiros vivos no primeiro dia do ano 2000 e

   $$f = \left\{(x, y) \in X \times Y \mid x \text{ é a altura da pessoa } y\right\}.$$

   b) X e Y são ambos iguais ao conjunto dos números inteiros e

   $$f = \left\{(x, y) \in X \times Y \mid x^2 + y^2 = 25\right\}.$$

   c) X e Y são ambos iguais ao conjunto dos números naturais e

   $$f = \left\{(x, y) \in X \times Y \mid x = y^2\right\}.$$

   d) X e Y são ambos iguais ao conjunto dos números reais e

   $$f = \left\{(x, y) \in X \times Y \mid y = x^2\right\}.$$

e) X e Y são ambos iguais ao conjunto dos números reais e

$$f=\{(x,y)\in X\times Y\mid x=y^2\}.$$

f) X e Y são ambos iguais ao conjunto dos números reais e

$$f=\{(x,y)\in X\times Y\mid x^2=y^2\}.$$

g) X é o conjunto de todos os brasileiros vivos no primeiro dia do ano 2000, $Y=\mathbb{R}$ e

$$f=\{(x,y)\in X\times Y\mid y \text{ é o comprimento do pé esquerdo da pessoa } x\}.$$

h) X e Y são ambos iguais ao conjunto de todos os brasileiros vivos no primeiro dia do ano 2000 e

$$f=\{(x,y)\in X\times Y\mid y \text{ é a mãe da pessoa } x\}.$$

i) X e Y são ambos iguais ao conjunto dos números reais e

$$f=\{(x,y)\in X\times Y\mid x^2=y^3\}.$$

j) X e Y são ambos iguais ao conjunto dos números reais e

$$f=\{(x,y)\in X\times Y\mid x^3=y^2\}.$$

2. Para responder os itens a seguir, considere a relação de $\mathbb{Q}$ em $\mathbb{N}$ dada por

$$f=\{(x,y)\in \mathbb{Q}\times\mathbb{N}\mid y \text{ é o numerador de uma fração que representa } x\}.$$

a) Verifique se a relação f satisfaz a seguinte propriedade:

$$\forall x\in\mathbb{Q},\ \exists y\in\mathbb{N}\mid (x,y)\in f.$$

b) Verifique se a relação f satisfaz a seguinte propriedade:

se $y_1, y_2\in\mathbb{N}$ são tais que $(x,y_1)\in f$ e $(x,y_2)\in f$ para algum $x\in\mathbb{Q}$, então $y_1=y_2$.

c) Argumente contra ou a favor da afirmação seguinte conforme ela seja verdadeira ou falsa:

A relação f é uma função de $\mathbb{Q}$ em $\mathbb{N}$.

3. Encontre o domínio das funções definidas pelas expressões algébricas a seguir.

a) $f(x)=\dfrac{x^2-5x+6}{x^2+8x+7}$

b) $g(x)=\sqrt{7x+35}$

c) $h(x)=\sqrt{25-x^2}$

d) $g(x)=\sqrt{\dfrac{1}{7x+35}}$

4. Faça o que se pede em cada item a seguir.
   a) Encontre todas as funções com domínio no conjunto $X=\{1,2,3\}$ e contradomínio no conjunto $Y=\{a,b\}$.
   b) Encontre todas as funções com domínio no conjunto $X=\{1,2\}$ e contradomínio no conjunto $Y=\{a,b,c\}$.
5. Para as funções f e g dadas em cada item a seguir, determine $D(f)$, $D(g)$, escolha contradomínios para f e g, determine $\text{Im}(f)$ e $\text{Im}(g)$, e discuta se é verdade que $f=g$.
   a) $f(x)=x$ e $g(x)=\dfrac{x^2}{x}$
   b) $f(x)=x$ e $g(x)=\sqrt{|x^2|}$
   c) $f(x)=x$ e $g(x)=\left(\sqrt[3]{x}\right)^3$
   d) $f(x)=\dfrac{x^2-16}{x+4}$ e $g(x)=x-4$
   e) $f(x)=\dfrac{x^2-2x+1}{x-1}$ e $g(x)=x-1$
6. Para cada uma das relações do Exercício 1 que são funções, determine sua imagem.
7. Para cada uma das relações do Exercício 1 que são funções, determine quais são injetoras, sobrejetoras, bijetoras.
8. Sejam $E=\{1, 2, 3\}$ e $F=\{a, b, c, d\}$.
   a) Determine o número de funções injetoras de E em F.
   b) Determine o número de funções sobrejetoras de E em F.
9. Considerando a função $f:\mathbb{R}\to\mathbb{R}$ dada por:

$$f(x)=\begin{cases} 2x+3 & \text{se} \quad x\le 2 \\ x^2-2x+1 & \text{se} \quad x>2, \end{cases}$$

   faça o que se pede.
   a) Esboce o gráfico da função.
   b) Verifique, usando o teste das retas horizontais, se a função é injetora ou sobrejetora.
   c) Determine $\text{Im}(f)$.
10. Demonstre que a função $g:\mathbb{Z}\to\mathbb{R}$ definida por $g(x)=\dfrac{x}{\pi^x}$ é injetora. [Sugestão: π^x é irracional para todo $x\in\mathbb{Z}^*$.]
11. Considere a função $f:\mathbb{N}\to\mathbb{R}$ definida por $f(x)=\dfrac{x}{\sqrt{2}^x}$. Faça o que se pede em cada item a seguir.
    a) Calcule $f(2)$ e $f(4)$.

b) Prove ou refute: a função f é injetora.

c) Mostre que a equação $f(x)=2$ não possui solução.

d) Prove ou refute: a função f é sobrejetora.

12. Faça o que se pede em cada item a seguir.

a) Mostre que a função $f:\mathbb{R}^* \to \mathbb{R}\setminus\{1\}$ dada por $f(x)=\dfrac{x+2}{x}$ é bijetora.

b) Mostre que a função $f:\mathbb{R}\setminus\{7\} \to \mathbb{R}\setminus\{7\}$ dada por $f(x)=\dfrac{7x-5}{x-7}$ é bijetora.

c) Mostre que a função $f:\mathbb{R}\setminus\{-5\} \to \mathbb{R}\setminus\{4\}$ dada por $f(x)=\dfrac{4x-8}{x+5}$ é bijetora.

13. Sejam $a,b,c\in\mathbb{R}$, com $a\neq 0$. Mostre que a função $f:\mathbb{R}\setminus\{b\} \to \mathbb{R}\setminus\{a\}$ dada por $f(x)=\dfrac{ax+c}{x-b}$ é bijetora.

14. Faça o que se pede em cada item a seguir.

a) Mostre que é bijetora a função $f:\mathbb{N} \to \mathbb{Z}$ dada por:

$$f(x)=\begin{cases} -\dfrac{x}{2} & \text{se } x \text{ é par} \\ \dfrac{x+1}{2} & \text{se } x \text{ é ímpar} \end{cases}$$

b) Esboce o gráfico da função *f*.

15. Dados *f* uma função definida de um conjunto *E* em um conjunto *F* e *X* um subconjunto de *E*, a notação *f*(*X*) simboliza o conjunto $f(X)=\{f(x)\mid x\in X\}$. Considere a função $g:\mathbb{N} \to \mathbb{Z}$ definida por:

$$g(x)=\begin{cases} -\dfrac{x}{2} & \text{se } x \text{ é par} \\ \dfrac{x-1}{2} & \text{se } x \text{ é ímpar} \end{cases}$$

Com base nesses dados, responda os itens a seguir.

a) Sendo $P=\{0, 2, 4, 6, 8\}$, $I=\{1, 3, 5, 7, 9\}$ e $M=\{0, 1, 2, 3, 4\}$, obtenha $g(P)$, $g(I)$, $g(M)$, $g(P\cap M)$ e $g(P)\cap g(M)$.

b) Verifique se *g* é uma função injetora. Em caso afirmativo, demonstre e, em caso negativo, justifique.

c) Verifique se g é uma função sobrejetora. Em caso afirmativo, demonstre e, em caso negativo, justifique.

d) Demonstre que, para toda função $h: E \to F$, $h\left(X \cap Y\right) \subset h(X) \cap h(Y)$, para todos $X, Y \subset E$.

e) Demonstre que se a função $h: E \to F$ é injetora, então $h(X) \cap h(Y) \subset h\left(X \cap Y\right)$, para todos $X, Y \subset E$.

16. Como todo número natural x pode ser escrito de modo único na forma $x = 2^k \cdot m$, com $k \in \{0, 1, 2, 3, \ldots\}$ e m ímpar, definimos a função $f: \mathbb{N} \to \mathbb{Q}$ por $f(x) = \dfrac{k}{m}$.

a) Encontre uma solução para a equação $f(x) = \dfrac{6}{5}$.

b) Mostre que a equação $f(x) = \dfrac{5}{6}$ não possui solução e justifique por que a função f não é sobrejetora.

c) Sendo $x_1 = 2^2 \cdot 3$ e $x_2 = 2^6 \cdot 9$, calcule $f(x_1)$ e $f(x_2)$ e justifique por que a função f não é injetora.

17. Dê exemplos de funções $f: X \to Y$ e $g: Y \to Z$ tais que:

a) uma das funções compostas $f \circ g$ e $g \circ f$ esteja definida e a outra não;

b) $f \circ g$ e $g \circ f$ estejam definidas, mas sejam distintas;

c) $f \circ g$ e $g \circ f$ estejam definidas e sejam iguais.

18. Entre as figuras a seguir, verifique quais representam funções e, nos casos afirmativos, quais são injetoras, sobrejetoras ou bijetoras.

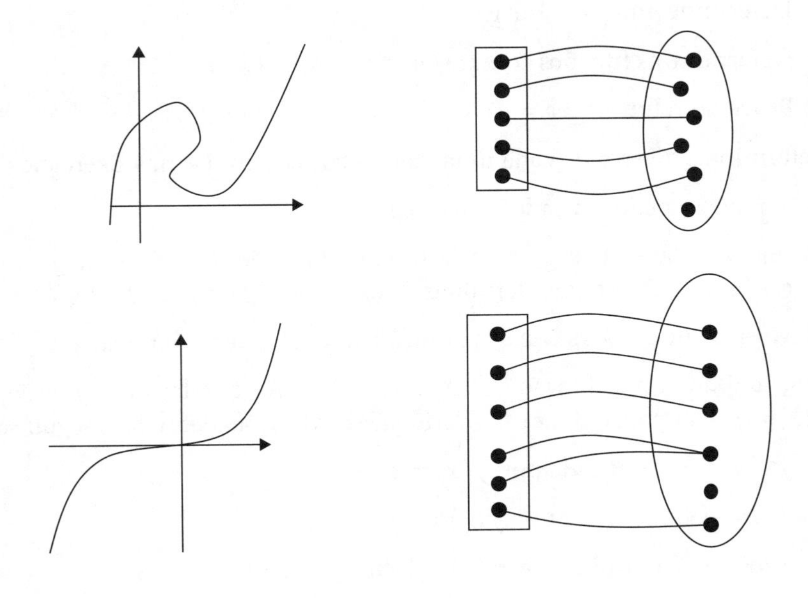

19. Considere a função $f:\mathbb{R}\setminus\{4\}\to\mathbb{R}\setminus\{1\}$ definida por $f(x)=\dfrac{1}{x-4}$.
    a) Esboce o gráfico da função *f*.
    b) Encontre a função inversa de *f*.
    c) Se *g* denota a inversa de *f*, encontre a função composta $f\circ g$. O que dizer da função composta $g\circ f$?

20. Considere a função *f* definida por $f(x)=\dfrac{(2x-4)^{2/3}}{5x+3}$.
    a) Determine o domínio de *f*.
    b) Determine $f\circ f$.

21. Considere as funções $f:\mathbb{R}\to\mathbb{R}$ e $g:\mathbb{R}\to\mathbb{R}$ definidas por $f(x)=\sqrt[3]{x-5}$ e $g(x)=x^3+5$, para todo $x\in\mathbb{R}$.
    a) Determine as funções compostas $f\circ g$ e $g\circ f$.
    b) *f* é inversa da função *g*? Justifique.

22. Considere as funções $f:\mathbb{R}\setminus\{0\}\to\mathbb{R}\setminus\{1\}$ e $g:\mathbb{R}\setminus\{1\}\to\mathbb{R}\setminus\{0\}$ definidas por $f(x)=1-\dfrac{1}{x}$ e $g(x)=\dfrac{1}{1-x}$.
    a) Determine as funções compostas $f\circ g$ e $g\circ f$.
    b) *f* é inversa da função *g*? Justifique.

23. Considere as funções $f:\mathbb{R}\to\mathbb{R}$ e $g:\mathbb{R}\to\mathbb{R}$ definidas por $f(x)=\sqrt[3]{x-5}$ e $g(x)=x^6+5$, para todo $x\in\mathbb{R}$.
    a) Determine $\mathrm{Im}(f)$ e $\mathrm{Im}(g)$.
    b) Determine as funções compostas $f\circ g$ e $g\circ f$.
    c) Prove ou refute: $f\circ g=g\circ f$.

24. Determine a inversa de cada uma das funções definidas nos Exercícios 12 e 13.

25. Faça o que se pede em cada item a seguir.
    a) Sejam $f:X\to Y$ e $g:Y\to Z$ funções tais que $f^{-1}:Y\to X$, $g^{-1}:Z\to Y$ e $g\circ f:X\to Z$ estejam definidas. Mostre que $(g\circ f)^{-1}=f^{-1}\circ g^{-1}$.
    b) Mostre que a inversa de uma função, quando existe, é única.

26. ***Função par.*** Uma função $f:X\subset\mathbb{R}\to Y\subset\mathbb{R}$ é dita uma *função par* se $f(x)=f(-x)$, para todo $x\in X$. Verifique se as funções definidas a seguir são pares.
    a) $f:\mathbb{R}\to\mathbb{R}_+$ definida por $f(x)=x^2+7$
    b) $f:\mathbb{R}\to\mathbb{R}$ definida por $f(x)=-x^3$
    c) $f:\mathbb{R}\to\mathbb{R}$ definida por $f(x)=4\operatorname{sen}x$
    d) $f:\mathbb{R}\to\mathbb{R}$ definida por $f(x)=\dfrac{\cos x}{8}$

27. ***Função ímpar.*** Uma função $f : X \subset \mathbb{R} \to Y \subset \mathbb{R}$ é dita uma *função ímpar* se $f(-x) = -f(x)$, para todo $x \in X$. Verifique se as funções definidas a seguir são ímpares.

a) $f : \mathbb{R} \to \mathbb{R}_+$ definida por $f(x) = 3x^2 + 1$

b) $f : \mathbb{R} \to \mathbb{R}$ definida por $f(x) = x^3$

c) $f : \mathbb{R} \to \mathbb{R}$ definida por $f(x) = -\dfrac{\operatorname{sen} x}{2}$

d) $f : \mathbb{R} \to \mathbb{R}$ definida por $f(x) = 8\cos x$

28. Seja $f : \mathbb{R}^* \to \mathbb{R}$ definida por $f(x) = x^n$, com $n \in \mathbb{Z}$.

a) Mostre que *f* é uma função par se, e somente se, *n* é par.

b) Mostre que *f* é uma função ímpar se, e somente se, *n* é ímpar.

c) Caso *n* seja racional ao invés de inteiro, que condições *n* deve satisfazer para que *f* seja uma função par? E ímpar? Há alguma situação em que a função não é par nem ímpar?

29. Seja $f : \mathbb{R} \to \mathbb{R}$ uma função. Mostre que:

a) a função $g : \mathbb{R} \to \mathbb{R}$ definida por $g(x) = \dfrac{f(x) + f(-x)}{2}$, para todo $x \in \mathbb{R}$, é uma função par;

b) a função $h : \mathbb{R} \to \mathbb{R}$ definida por $h(x) = \dfrac{f(x) - f(-x)}{2}$, para todo $x \in \mathbb{R}$, é uma função ímpar;

c) a função $j : \mathbb{R} \to \mathbb{R}$ definida por $j(x) = \dfrac{f(x) \cdot f(-x)}{2}$, para todo $x \in \mathbb{R}$, é uma função par.

30. ***Soma e produto de funções.*** Sejam $f : X \to Y$ e $g : Z \to W$ duas funções. Definimos a *função soma* $f + g : X \cap Z \to T$ e a *função produto* $f \cdot g : X \cap Z \to U$ mediante:

$$(f+g)(x) = f(x) + g(x) \text{ e } (f \cdot g)(x) = f(x) \cdot g(x).$$

[As operações definidas impõem que $D(f+g) = D(f \cdot g) = D(f) \cap D(g)$ e que os contradomínios de $f + g$ e de $f \cdot g$, denotados por T e U, respectivamente, sejam conjuntos contendo os elementos $f(x) + g(x)$ e $f(x) \cdot g(x)$, para todo $x \in D(f) \cap D(g)$, respectivamente.]

Determine a soma e o produto das funções dadas a seguir, exibindo o domínio e o contradomínio.

a) $\begin{aligned} f : \mathbb{R} &\to \mathbb{R}_+ \\ x &\mapsto x^3 + 4 \end{aligned}$ e $\begin{aligned} g : \mathbb{Q}_+ &\to \mathbb{R} \\ x &\mapsto \sqrt{x} \end{aligned}$

b) $\begin{aligned} f : \mathbb{N} &\to \mathbb{Q} \\ x &\mapsto \frac{x}{9} \end{aligned}$ e $\begin{aligned} g : \mathbb{N} &\to \mathbb{N} \\ x &\mapsto 9x \end{aligned}$

c) $\begin{aligned} f:\mathbb{R}&\to\mathbb{R}\\ x&\mapsto x^2+3x-1\end{aligned}$ e $\begin{aligned} g:\mathbb{R}&\to\mathbb{R}\\ x&\mapsto x^3-5x^2+8x\end{aligned}$

31. Faça o que se pede em cada item a seguir.

a) Mostre que a soma de duas funções pares produz uma função par.

b) Mostre que a soma de duas funções ímpares produz uma função ímpar.

c) Mostre que o produto de duas funções pares produz uma função par.

d) Mostre que o produto de duas funções ímpares produz uma função par.

e) Verifique se o gráfico de uma função par possui alguma propriedade especial.

f) Verifique se o gráfico de uma função ímpar possui alguma propriedade especial.

32. Expresse as funções a seguir como a soma de uma função par e uma função ímpar.

a) $f:\mathbb{R}\to\mathbb{R}$ definida por $f(x)=x^2+2$

b) $f:\mathbb{R}\to\mathbb{R}$ definida por $f(x)=x^3-1$

c) $f:\mathbb{R}\setminus\{-1\}\to\mathbb{R}$ definida por $f(x)=\dfrac{x-1}{x+1}$

33. Mostre que toda função $f:\mathbb{R}\to\mathbb{R}$ pode ser expressa como a soma de uma função par com uma função ímpar.

34. ***Função periódica.*** Uma função $f:X\subset\mathbb{R}\to Y\subset\mathbb{R}$ é dita uma *função periódica de período t* se existe um número $t\in\mathbb{R}$ tal que $f(x+t)=f(x)$, para todo $x\in X$ (note que toda função é periódica de período *zero*). O menor número $t\in\mathbb{R}_+^*$ com a referida propriedade, caso exista, é chamado *período fundamental* de *f*. Verifique se as funções definidas a seguir são periódicas e, nos casos afirmativos, obtenha, caso exista, seu período fundamental.

a) $f:\mathbb{R}\to\mathbb{R}$ definida por $f(x)=5x-2$

b) $f:\mathbb{R}\to\mathbb{R}$ definida por $f(x)=\cos x$

c) $f:\mathbb{R}\to\mathbb{R}$ definida por $f(x)=\text{sen}\,x$

d) $f:\mathbb{R}\to\mathbb{R}$ definida por $f(x)=2\text{sen}(\sqrt{2}x)-5\cos(x+7)$

e) $f:\mathbb{R}\to\mathbb{R}$ definida por $f(x)=x^3$

f) $f:\mathbb{R}\to\mathbb{R}$ definida por $f(x)=7$

g) $f:\mathbb{R}\to\mathbb{R}$ definida por $f(x)=c$, onde $c\in\mathbb{R}$ é uma constante

h) $f:\mathbb{N}\to\mathbb{Z}$ definida por $f(x)=(-1)^x$

i) $f:\mathbb{R}\to\mathbb{R}$ a função cujo gráfico é:

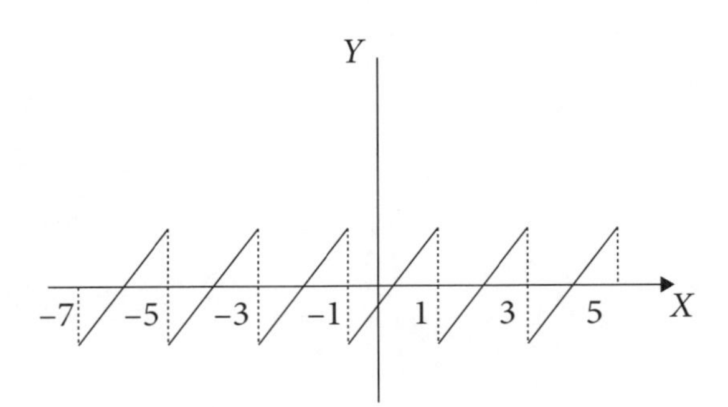

j) $f: \mathbb{R}^* \to \mathbb{R}$ definida por $f(x) = \operatorname{sen}\dfrac{1}{x}$

35. Observando que o gráfico de uma função periódica de período t se repete a cada intervalo de comprimento $|t|$ (valor absoluto de t), faça uma representação do gráfico de cada função periódica do exercício anterior.

36. Seja $f: X \subset \mathbb{R} \to Y \subset \mathbb{R}$ uma função periódica de período t.

    a) Mostre que $4t$ também é um período de f.

    b) Mostre que $f(x+nt) = f(x)$, para todo $x \in X$ e para todo $n \in \mathbb{Z}^*$. Conclua que nt também é um período de f.

37. Sejam $f, g: \mathbb{R} \to \mathbb{R}$ duas funções periódicas de mesmo período t.

    a) Mostre que a função $f + g: \mathbb{R} \to \mathbb{R}$ também é periódica de período t.

    b) Mostre que a função $f \cdot g: \mathbb{R} \to \mathbb{R}$ também é periódica de período t.

    c) Mostre que a função $cf: \mathbb{R} \to \mathbb{R}$, onde $c \in \mathbb{R}$ é uma constante, também é periódica de período t.

    d) Mostre que a função $h: \mathbb{R} \to \mathbb{R}$, definida por $h(x) = f(x) + c$, onde $c \in \mathbb{R}$ é uma constante, também é periódica de período t.

    e) Mostre que a função $j: \mathbb{R} \to \mathbb{R}$, definida por $j(x) = f(cx)$, onde $c \in \mathbb{R}$ é uma constante não nula, também é periódica. Determine um período da função j.

RESPOSTAS DE ALGUNS EXERCÍCIOS

CAPÍTULO 1

1. São proposições as sentenças em a), c), d) e g), onde apenas a) e g) são verdadeiras.

2. As proposições dos itens a), b), e), f) e g) têm por valor lógico a Verdade. As demais são falsas.

3.

   a) F

   b) V

   c) V

8.

   a) Como a condicional $p \rightarrow q$ é verdadeira, pela tabela-verdade da condicional, há três possibilidades: $v(p) = V$ e $v(q) = V$; $v(p) = F$ e $v(q) = V$; $v(p) = F$ e $v(q) = F$. Como por hipótese temos $v(p) = V$, segue que devemos ter $v(q) = V$.

   b) Como a condicional $p \rightarrow q$ é verdadeira e $v(\sim q) = V$ (o que equivale a $v(q) = F$), segundo a tabela-verdade da condicional, há apenas uma possibilidade: $v(p) = F$. Portanto, $v(\sim p) = V$.

9. Como a disjunção exclusiva $p \veebar q$ é verdadeira somente no caso de apenas uma entre p e q ser verdadeira e sabendo-se que $v(p)=V$, resta $v(q) = F$.

10. A bicondicional $p \leftrightarrow q$ é falsa quando as proposições p e q admitem valores lógicos distintos. Já para que a condicional $p \rightarrow q$ seja verdadeira, não pode ocorrer simultaneamente $v(p) = V$ e $v(q) = F$. Dessa forma, somos levados à conclusão de que $v(p) = F$ e $v(q) = V$.

11. Basta que as proposições p e q tenham valores lógicos iguais.

12. Dizer que $v(\sim r \to s) = \text{F}$ é o mesmo que dizer que $v(\sim r) = \text{V}$ e $v(s) = \text{F}$, ou seja, João não foi ao restaurante e João não foi ao supermercado. Agora, sabendo que $v(\sim r) = \text{V}$ e $v(q \to r) = \text{V}$, podemos obter $v(q) = \text{F}$, ou seja, João não foi à quitanda. Por último, da hipótese $v(\sim p \to q) = \text{V}$, juntamente com o fato $v(q) = \text{F}$, concluímos que $v(\sim p) = \text{F}$ e, portanto, que João foi à padaria.

15. Não é possível decidir se Juliana dormiu tarde ou não, pois, em qualquer caso, há combinações de valores das demais proposições simples de modo que sejam verdadeiras as proposições P, Q e R.

16. Podemos concluir as afirmações em a), e) e f).

17. d)

18. d) e e) estão corretas.

19. Mário mentiu e Pedro entrou sem pagar. Veja:

    Caso Benjamim tivesse mentido, Pedro teria dito a verdade (pois apenas um mentiu), mas isso implicaria que Mário teria mentido também, o que contraria a informação de que apenas um mentiu. Assim, Benjamim disse a verdade.

    Caso Carlos tivesse mentido, Pedro teria dito a verdade (pois apenas um mentiu), mas isso implicaria que Mário teria mentido também, o que contraria a informação de que apenas um mentiu. Assim, Carlos disse a verdade.

    Caso Pedro tivesse mentido, Carlos e Mário teriam dito a verdade, o que implicaria que Pedro e Carlos teriam entrado sem pagar, contrariando a informação de que apenas um entrou sem pagar. Assim, Pedro disse a verdade.

    Por exclusão, foi o Mário quem mentiu e, assim, em particular, Carlos disse a verdade, de modo que Pedro entrou sem pagar.

20.

    a) C

    b) E

    c) C

21.

    a) E

    b) C

    c) C

    d) E

    e) C

22.

a) E

b) C

c) E

d) C

23.

b) $\forall x \in \mathbb{R}$, $\forall n \in \mathbb{N}$ ímpar, temos $(-x)^n = -x^n$

Conjunto universo: o conjunto em que x assume qualquer valor real e n assume qualquer valor natural.

Conjunto verdade: o conjunto em que x assume qualquer valor real e n assume qualquer valor natural ímpar.

e) $\exists x_0 \in \mathbb{Z}$ tal que $(x_0 - 1)^3 = x_0 - 1$

Conjunto universo: $\mathbb{Z}$

Conjunto verdade: $\{0, 1, 2\}$

CAPÍTULO 2

1. Basta observar que as seguintes tabelas-verdade são idênticas: de $p \vee t$ e de t para o item a); de $p \wedge c$ e de c para o item b).

2.

a) Basta observar que as tabelas-verdade de $p \rightarrow q$ e de $q \rightarrow p$ não são idênticas.

8. Note que

$$p \vee {\sim}q \rightarrow q \wedge r \iff (q \wedge r) \vee {\sim}(p \vee {\sim}q),$$

que é uma proposição escrita em forma normal. Agora, se quisermos escrevê-la de forma mais elegante, podemos ainda notar que:

$$(q \wedge r) \vee {\sim}(p \vee {\sim}q) \iff (q \wedge r) \vee ({\sim}p \wedge q)$$

$$\iff (q \wedge r) \vee (q \wedge {\sim}p) \iff q \wedge (r \vee {\sim}p).$$

9. Apresentaremos a demonstração por meio do método dedutivo:

$$(p \rightarrow q) \wedge (p \rightarrow {\sim}p) \iff ({\sim}p \vee q) \wedge ({\sim}p \vee {\sim}p) \iff ({\sim}p \vee q) \wedge {\sim}p \iff (q \vee {\sim}p) \wedge {\sim}p$$

$$\iff (q \wedge {\sim}p) \vee ({\sim}p \wedge {\sim}p) \iff (q \wedge {\sim}p) \vee {\sim}p \iff {\sim}p \vee (q \wedge {\sim}p) \iff p \rightarrow q \wedge {\sim}p.$$

10.

d) $p \wedge q \to r \Leftrightarrow \sim(p \wedge q) \vee r \Leftrightarrow (\sim p \vee \sim q) \vee r \Leftrightarrow \sim p \vee (\sim q \vee r)$

$\Leftrightarrow \sim p \vee (r \vee \sim q) \Leftrightarrow (\sim p \vee r) \vee \sim q \Leftrightarrow \sim(p \wedge \sim r) \vee \sim q$

$\Leftrightarrow p \wedge \sim r \to \sim q$

11.

b) O triângulo ABC não é escaleno ou o trapézio RSTU não é retângulo.

f) Negação: $\text{mdc}(4,9) \neq 1$ ou existe $x \in \mathbb{Z}$ tal que $-x \notin \mathbb{Z}$.

Proposição com quantificador: $\text{mdc}(4,9) = 1$ e $\forall x \in \mathbb{Z}$, $-x \in \mathbb{Z}$.

Negação com quantificador: $\text{mdc}(4,9) \neq 1$ ou $\exists x \in \mathbb{Z} \mid -x \notin \mathbb{Z}$.

13.

b) Há duas possibilidades para a construção da tabela-verdade:

- Construir uma tabela-verdade com as premissas e a conclusão e observar que a conclusão é verdadeira sempre que todas as premissas são verdadeiras.
- Dada a condicional associada $(p \vee q) \wedge (p \to r) \wedge (q \to r) \to r$, observar que todas as linhas de sua tabela-verdade resultam em V.

14.

a) Utilizaremos redução ao absurdo, admitindo que as premissas são todas verdadeiras, ou seja, $v(p \to \sim q) = \text{V}$, $v(\sim q \to \sim s) = \text{V}$ e $v\big((p \to \sim s) \to \sim t\big) = \text{V}$; enquanto que a conclusão é falsa, $v(\sim t) = \text{F}$. Assim, de $v\big((p \to \sim s) \to \sim t\big) = \text{V}$ e $v(\sim t) = \text{F}$, temos $v(p \to \sim s) = \text{F}$. Portanto, $v(p) = \text{V}$ e $v(s) = \text{V}$. Olhando para $v(\sim q \to \sim s) = \text{V}$ e $v(s) = \text{V}$, obtemos $v(\sim q) = \text{F}$, o que, junto a $v(p \to \sim q) = \text{V}$, nos dá $v(p) = \text{F}$, contradizendo, segundo o Princípio da Não Contradição, o que fora antes obtido $v(p) = \text{V}$.

c) Definamos as seguintes proposições simples: *p*: chove; *q*: vou à praia; *r*: nado; *s*: jogo; *t*: adoeço, e consideremos as seguintes proposições compostas: $p \to q$; $q \to r \wedge s$; $t \to \sim r$, que serão as premissas do seguinte argumento:

$$p \to q,\ q \to r \wedge s,\ t \to \sim r \ \mapsto\ p \to s \wedge \sim t.$$

A fim de mostrarmos a validade do argumento dado, por redução ao absurdo, suponhamos $v(p \to q) = \text{V}$, $v(q \to r \wedge s) = \text{V}$, $v(t \to \sim r) = \text{V}$ e $v\big(p \to s \wedge \sim t\big) = \text{F}$. Agora basta seguir raciocínio análogo àquele utilizado em a).

16. Mostraremos a contrarrecíproca da propriedade enunciada. Suponhamos que *a* não seja ímpar, isto é, *a* é par. Assim, a^3 é par, em que a^3 não é ímpar.

17. Pode-se concluir d).

21. Estão corretas as alternativas b), c) e d).

22. b)

23.

a) E

b) E

c) C

d) C

e) C

24.

a) C

b) E

c) C

d) C

CAPÍTULO 3

1.

a) $\subset$

b) $\supset$

c) $\in$

d) $\subset$

e) $\subset$

f) $=$

g) $=$

4.

a) $C_U A = \{1, 5, 7, 11, 13, 15\}$

b) $C_U B = \{1, 2, 4, 7, 8, 11, 13\}$

8. b)
$$\begin{aligned} A \Delta B &= (A \setminus B) \cup (B \setminus A) \\ &= (B \setminus A) \cup (A \setminus B) \\ &= B \Delta A. \end{aligned}$$

f) Utilizaremos o Exercício 7(j). Para simplificar a notação, escreveremos $\overline{A}$ para denotar $C_U A$. Por definição e aplicando as propriedades do Teorema 3.7, temos:

$$A\Delta(B\Delta C) = A\Delta\left[(B\setminus C)\cup(C\setminus B)\right]$$

$$= A\Delta\left[(B\cap\overline{C})\cup(C\cap\overline{B})\right]$$

$$=\left\{A\setminus\left[(B\cap\overline{C})\cup(C\cap\overline{B})\right]\right\}\cup\left\{\left[(B\cap\overline{C})\cup(C\cap\overline{B})\right]\setminus A\right\}$$

$$=\left\{A\cap\left[\overline{(B\cap\overline{C})\cup(C\cap\overline{B})}\right]\right\}\cup\left\{\left[(B\cap\overline{C})\cup(C\cap\overline{B})\right]\cap\overline{A}\right\}$$

$$=\left\{A\cap\left[(\overline{B}\cup C)\cap(\overline{C}\cup B)\right]\right\}\cup\left\{(B\cap\overline{C}\cap\overline{A})\cup(C\cap\overline{B}\cap\overline{A})\right\}$$

$$=\left\{A\cap\left[(\overline{B}\cap\overline{C})\cup(\overline{B}\cap B)\cup(C\cap\overline{C})\cup(C\cap B)\right]\right\}$$
$$\cup\left\{(B\cap\overline{C}\cap\overline{A})\cup(C\cap\overline{B}\cap\overline{A})\right\}$$

$$=\left\{A\cap\left[(\overline{B}\cap\overline{C})\cup(C\cap B)\right]\right\}\cup\left\{(B\cap\overline{C}\cap\overline{A})\cup(C\cap\overline{B}\cap\overline{A})\right\}$$

$$=(A\cap\overline{B}\cap\overline{C})\cup(A\cap C\cap B)\cup(B\cap\overline{C}\cap\overline{A})\cup(C\cap\overline{B}\cap\overline{A}).$$

Procedendo analogamente, a mesma expressão é obtida de $(A\Delta B)\Delta C$.

9.

a) Uma maneira de demonstrar que todas as condições são equivalentes entre si é demonstrando a "implicação cíclica":

$$(1)\Rightarrow(2)\Rightarrow(3)\Rightarrow(4)\Rightarrow(5)\Rightarrow(1).$$

$(1)\Rightarrow(2)$: Para mostrar que $A\cap B = A$, devemos mostrar a dupla inclusão $A\cap B\subset A$ e $A\subset A\cap B$. A primeira é bastante clara, uma vez que todo x pertencente a $A\cap B$ também pertence a A. Para a segunda, supondo $x\in A$ e conhecendo a hipótese (1), $A\subset B$, temos que $x\in B$. Assim, $x\in A$ e $x\in B$, em que $x\in A\cap B$ e, portanto, $A\subset A\cap B$.

$(2)\Rightarrow(3)$: Para mostrar que $A\cup B = B$, novamente devemos mostrar duas inclusões $A\cup B\subset B$ e $B\subset A\cup B$. Por definição, se $x\in A\cup B$, então $x\in A$

ou $x \in B$. Se $x \in A$, pela hipótese (2), $A \cap B = A$, temos $x \in A \cap B$, donde $x \in B$. Concluímos: se $x \in A \cup B$ e $A \cap B = A$, então $x \in B$. A outra inclusão segue diretamente da definição.

$(3) \Rightarrow (4)$: A hipótese $A \cup B = B$ nos dá, em particular, que $A \cup B \subset B$. Ou seja, na verdade, $A \subset B$. Suponhamos que $A \cap C_U B \neq \emptyset$. Assim, existe um elemento x tal que $x \in A \cap C_U B$, em que $x \in A$ e $x \in C_U B$. Mas $x \in C_U B$ significa que $x \notin B$, o que contradiz $A \subset B$. Portanto, $A \cap C_U B = \emptyset$.

$(4) \Rightarrow (5)$: Seja x tal que $x \in C_U B$. Pela hipótese $A \cap C_U B = \emptyset$, temos $x \notin A$. Daí $x \in C_U A$ e, assim, todo elemento de $C_U B$ é também elemento de $C_U A$, em que $C_U B \subset C_U A$.

$(5) \Rightarrow (1)$: Seja $x \in A$ e suponhamos que $x \notin B$. Daí, $x \in C_U B$ e, pela hipótese (5), $x \in C_U A$, o que é um absurdo. Portanto, $A \subset B$.

10.

a) E

b) C

c) C

d) E

11.

a) E

b) C

c) C

d) E

e) E

12.

a) C

b) E

c) C

13.

a) C

b) C

c) C

14.

a) C

b) E

c) C

d) C

e) C

16.

a) O conjunto $A\times(B\cup C)$ é definido por:

$$A\times(B\cup C)=\{(x,y)\,|\,x\in A \;\text{ e }\; y\in B\cup C\},$$

que é o mesmo que:

$$\{(x,y)\,|\,x\in A \;\text{ e }\; (y\in B \text{ ou } y\in C)\}.$$

Note que este último é formado por todos os pares ordenados das formas:

- (x,y), com $x\in A$ e $y\in B$
- (x,y), com $x\in A$ e $y\in C$,

que é, na verdade, a união dos conjuntos $A\times B$ e $A\times C$. Assim,

$$A\times(B\cup C)=(A\times B)\cup(A\times C).$$

17. As relações de E em E são todos os subconjuntos de $E\times E$, ou seja,

$\emptyset$, $\{(1,1)\}$, $\{(1,2)\}$, $\{(2,1)\}$, $\{(2,2)\}$, $\{(1,1),(1,2)\}$, $\{(1,1),(2,1)\}$, $\{(1,1),(2,2)\}$, $\{(1,2),(2,1)\}$, $\{(1,2),(2,2)\}$, $\{(2,1),(2,2)\}$, $\{(1,1),(1,2),(2,1)\}$, $\{(1,1),(1,2),(2,2)\}$, $\{(1,1),(2,1),(2,2)\}$, $\{(1,2),(2,1),(2,2)\}$, $\{(1,1),(1,2),(2,1),(2,2)\}=E\times E$.

18.

b) Sejam x um inteiro par e y um inteiro ímpar. Então existem $m, n\in\mathbb{Z}$ tais que $x=2m$ e $y=2n+1$. Assim, $x+y=2(m+n)+1$, que é ímpar.

20. $S=\{(1, 13),(2, 11),(3, 9),(4, 7),(5, 5),(6, 3),(7, 1)\}$,

$$D(S)=\{1, 2, 3, 4, 5, 6, 7\} \text{ e } \mathrm{Im}(S)=\{1, 3, 5, 7, 9, 11, 13\}.$$

21.

b)

- a relação é reflexiva, pois para todo $x\in X$ é claro que $x=x$, em que $(x,x)\in\Delta_X$;
- a relação é simétrica, pois se $(x,y)\in\Delta_X$, então $x=y$, o que também se escreve como $y=x$, em que $(y,x)\in\Delta_X$;

- finalmente, a relação é também transitiva, pois se $(x,y),(y,z) \in \Delta_X$, então $x = y$ e $y = z$, em que $x = z$ e $(x,z) \in \Delta_X$.

23.

c)

- a relação é reflexiva, pois para todo $a \in \mathbb{Z}$ temos que $a - a = 0$, em que $(a,a) \in S$;
- a relação é simétrica, pois se $(a, b) \in S$, então $a - b$ é um múltiplo de 7. Assim, também é verdade que $b - a = -(a - b)$ é também um múltiplo de 7, em que $(b, a) \in S$;
- a relação é ainda transitiva, pois se $(a, b),(b, c) \in S$, então $a - b$ e $b - c$ são ambos múltiplos de 7. Daí, a soma entre eles, $(a - b) + (b - c) = a - c$, é outro múltiplo de 7, em que $(a,c) \in S$.

Portanto, S é uma relação de equivalência.

f) S não é uma relação de equivalência, pois a propriedade transitiva não é satisfeita. Note, por exemplo, que, se $a = (2,0)$, $b = (1,0)$ e $c = (1/2,0)$ são três pontos do plano cartesiano, temos que (a, b) e (b, c) pertencem a S, uma vez que a distância de a à origem é o dobro da distância de b à origem e a distância de b à origem é o dobro da distância de c à origem. No entanto, a distância de a à origem é o quádruplo da distância de c à origem e, assim, $(a, c) \notin S$.

i)

- a relação é reflexiva, pois se a representa um aluno, comparando a nota de a consigo mesmo, é claro que a tirou a mesma nota que si próprio, em que $(a, a) \in S$;
- a relação é simétrica, pois se a e b representam dois alunos tais que $(a, b) \in S$, ou seja, a tirou a mesma nota que b, também podemos escrever, equivalentemente, que b tirou a mesma nota que a, em que $(b, a) \in S$;
- a relação é ainda transitiva, pois se a, b e c representam três alunos tais que $(a, b) \in S$ e $(b, c) \in S$, ou seja, a tirou a mesma nota que b e b tirou a mesma nota que c, é fácil ver que a tirou a mesma nota que c, em que $(a, c) \in S$.

Portanto, S é uma relação de equivalência.

36. Novamente utilizaremos a ideia de "implicação cíclica":

$$(1) \Rightarrow (2) \Rightarrow (3) \Rightarrow (4) \Rightarrow (1).$$

$(1) \Rightarrow (2)$: Segue da definição de classe de equivalência.

$(2) \Rightarrow (3)$: $x \in C_S(y)$ nos dá que $x \equiv y \pmod S$. Pela propriedade simétrica de S, também temos $y \equiv x \pmod S$, o que significa $y \in C_S(x)$.

$(3) \Rightarrow (4)$: Para mostrar a igualdade $C_S(x) = C_S(y)$, mostremos a inclusão dupla. Primeiramente, consideremos $a \in C_S(x)$. Assim, $a \equiv x \pmod S$. Pela hipótese, $y \equiv x \pmod S$ e, pela simetria, $x \equiv y \pmod S$. Como S é transitiva, $a \equiv x \pmod S$ e $x \equiv y \pmod S$ nos leva a $a \equiv y \pmod S$, em que $a \in C_S(y)$. Como a é um elemento qualquer em $C_S(x)$, segue que $C_S(x) \subset C_S(y)$. A demonstração da outra inclusão é análoga.

$(4) \Rightarrow (1)$: Se $C_S(x) = C_S(y)$, então, em particular, x se relaciona com y pela relação S.

41.

a) S satisfaz a propriedade reflexiva, pois, dado $x = a + bi \in \mathbb{C}$, o par (x, x) pertence a S, uma vez que $a \leq a$ e $b \leq b$.

b) S satisfaz a propriedade antissimétrica, pois se $(x, y), (y, x) \in S$, onde $x = a + bi$, $y = c + di \in \mathbb{C}$, temos $a \leq c$, $b \leq d$, $c \leq a$ e $d \leq b$. De $a \leq c$ e $c \leq a$, temos $a = c$; de $b \leq d$ e $d \leq b$, temos $b = d$. Portanto, $x = y$.

c) S satisfaz a propriedade transitiva, pois dados $x = a + bi$, $y = c + di$, $z = e + fi \in \mathbb{C}$ tais que $(x, y), (y, z) \in S$, temos que $a \leq c$, $b \leq d$, $c \leq e$ e $d \leq f$. De $a \leq c$ e $c \leq e$, temos $a \leq e$; de $b \leq d$ e $d \leq f$, temos $b \leq f$. Assim, $(x, z) \in S$.

d) S é uma relação de ordem parcial, mas não total sobre $\mathbb{C}$, uma vez que, por exemplo, os números $x = 2 + 5i$ e $y = 7 + 4i$ não são comparáveis segundo S.

CAPÍTULO 4

1.

c) A primeira propriedade da Definição 4.1.1 não é satisfeita: para o número natural $x = 2$ não há um número natural y tal que $2 = y^2$. Portanto, f não é uma função.

f) Note que para qualquer $x \in X = \mathbb{R}$ é possível calcular $x^2 \in \mathbb{R}$ e podemos tomar $y = x \in Y = \mathbb{R}$ para ter $y^2 = x^2$ e $(x, y) \in f$. Assim, a primeira propriedade da Definição 4.1.1 é satisfeita. Já a segunda propriedade não se verifica, pois, por exemplo, podemos tomar $x = \sqrt{3} \in X = \mathbb{R}$, $y = \sqrt{3}$, $z = -\sqrt{3} \in Y = \mathbb{R}$ e notar que $x^2 = y^2 = z^2 = 3$, em que $(x, y) \in f$ e $(x, z) \in f$, mas $y \neq z$. Portanto, f não é uma função.

i) Note que, para qualquer $x \in X = \mathbb{R}$, se tomarmos $y = \sqrt[3]{x^2} \in Y = \mathbb{R}$, teremos $(x, y) \in f$, pois valeria que $x^2 = y^3$. Ainda, se $x \in X = \mathbb{R}$ e $y, z \in Y = \mathbb{R}$ são tais que $(x, y) \in f$ e $(x, z) \in f$, então $x^2 = y^3$ e $x^2 = z^3$, donde $y^3 = z^3$, o que implica $y = z$. Nesse caso, f é uma função de $\mathbb{R}$ em $\mathbb{R}$.

3.

a) O domínio de f é o conjunto formado pelos números reais que não anulam $x^2 + 8x + 7$, ou seja, $D(f) = \{x \in \mathbb{R} \mid x \neq -1 \text{ e } x \neq -7\}$.

d) O domínio de g é o conjunto formado pelos números reais tais que $\dfrac{1}{7x+35} \geq 0$, onde $x \neq -\dfrac{35}{7}$. Assim, $D(f) = \left\{x \in \mathbb{R} \mid x > -\dfrac{35}{7}\right\}$.

10. Sejam $x, y \in \mathbb{Z}$ e suponhamos que $g(x) = g(y)$. Assim, $\dfrac{x}{\pi^x} = \dfrac{y}{\pi^y}$. Analisemos três casos: (i) se $x = 0$, então $y = 0$; (ii) se $y = 0$, então $x = 0$; (iii) caso $x \neq 0$ e $y \neq 0$, podemos escrever $\pi^{y-x} = \dfrac{y}{x}$. Como o membro direito é um número racional, tal igualdade somente é possível se $x = y$, pois, do contrário, o membro esquerdo seria irracional. Logo, g é injetora.

16.

a) Se $f(x) = \dfrac{6}{5}$, como x pode ser escrito de maneira única na forma $x = 2^k \cdot m$, com $k \in \{0,1,2,3,\ldots\}$ e m ímpar, resta que $x = 2^6 \cdot 5$.

b) A equação $f(x) = \dfrac{5}{6}$ não admite solução, uma vez que, para avaliar o valor de f em x, devemos escrever x na forma $x = 2^k \cdot m$, com $k \in \{0,1,2,3,\ldots\}$, m ímpar, e atribuir a $f(x)$ o valor $\dfrac{k}{m}$. Dessa forma, nenhum racional representado por fração irredutível de denominador par pode ser imagem de algum x natural. Portanto, o conjunto $\text{Im}(f)$ é diferente do contradomínio de f e, assim, f não é sobrejetora.

c) Basta notar que as imagens dos elementos distintos x_1 e x_2 sob f coincidem: $f(x_1) = \dfrac{2}{3}$ e $f(x_2) = \dfrac{6}{9}$.

21.

a) Primeiramente, as expressões de $f \circ g$ e $g \circ f$ são dadas por:

$$(f \circ g)(x) = f(g(x)) = f\left(x^3 + 5\right) = \sqrt[3]{x^3 + 5 - 5} = x$$

e

$$(g \circ f)(x) = g(f(x)) = g\left(\sqrt[3]{x-5}\right) = \left(\sqrt[3]{x-5}\right)^3 + 5 = x.$$

Assim, as funções são dadas por $f \circ g : \mathbb{R} \to \mathbb{R}$ tal que $f \circ g = I_{\mathbb{R}}$ e $g \circ f : \mathbb{R} \to \mathbb{R}$ tal que $g \circ f = I_{\mathbb{R}}$.

b) Basta verificar que f é bijetora (faça isso!) e, assim, concluir que f admite uma inversa e, juntamente com o feito em (a), que f e g são funções inversas.

26.

c) Seja $x \in \mathbb{R}$. Nem sempre é verdadeira a igualdade $f(x) = 4\text{sen}\,x = 4\text{sen}(-x) = f(-x)$, em que f não é uma função par.

27.

b) Seja $x \in \mathbb{R}$. Temos que $f(-x) = (-x)^3 = -x^3 = -f(x)$, em que f é uma função ímpar.

31.

a) Sejam $f, g : X \subset \mathbb{R} \to Y \subset \mathbb{R}$ duas funções pares. Assim, para todo $x \in X$, $f(x) = f(-x)$ e $g(x) = g(-x)$. Definamos a função $f + g : X \subset \mathbb{R} \to Y \subset \mathbb{R}$ mediante $(f+g)(x) = f(x) + g(x)$, para todo $x \in X$. Dessa forma, temos que $f + g$ é uma função par, pois:

$$(f+g)(x) = f(x) + g(x) = f(-x) + g(-x) = (f+g)(-x).$$

34. Não são periódicas as funções dos itens a), d), e) e j). As funções dos itens b) e c) são periódicas de período fundamental $t = 2\pi$; as funções dos itens f) e g) são periódicas de período t, para qualquer $t \in \mathbb{R}$; as funções dos itens h) e i) são periódicas de período fundamental $t = 2$.

36.

a) Como f é periódica de período t, $f(x+t) = f(x)$, para todo $x \in X$. Assim,

$$f(x+4t) = f(\underline{x+3t}+t) = f(x+3t) = f(\underline{x+2t}+t) = \cdots = f(x),$$

para todo $x \in X$, donde f também é periódica de período $4t$.

37.

b) Como $f, g : \mathbb{R} \to \mathbb{R}$ são funções periódicas de período t, $f(x+t) = f(x)$ e $g(x+t) = g(x)$, para todo $x \in \mathbb{R}$. Assim,

$$(f \cdot g)(x+t) = f(x+t) \cdot g(x+t) = f(x) \cdot g(x) = (f \cdot g)(x),$$

para todo $x \in \mathbb{R}$, em que $f \cdot g$ também é periódica de período t.

REFERÊNCIAS BIBLIOGRÁFICAS

[1] DOMINGUES, H. H.; IEZZI, G. *Álgebra moderna*. 4. ed. São Paulo: Atual, 2003.

[2] DOMINGUES, H. H. *Fundamentos de aritmética*. São Paulo: Atual, 1991.

[3] FILHO, E. de A. *Iniciação à lógica matemática*. 18. ed. São Paulo: Nobel, 1999.

[4] GOMES, O. R.; SILVA, J. C. *Estruturas algébricas para licenciatura:* introdução à teoria dos números. Brasília, DF: Ed. do Autor, 2008.

[5] LANG, S. *Estruturas algébricas*. São Paulo: Ao Livro Técnico, 1972.

[6] LIMA, E. L. Conceitos e controvérsias: zero é um número natural? *Revista do Professor de Matemática*, Rio de Janeiro, v. 76, 2011. Disponível em: <http://editoradobrasil.com.br/portal_educacional/fundamental2/projeto_apoema/pdf/textos_complementares/matematica/9_ano/pam9_texto_complementar01_conceitos_e_controversias.pdf>. Acesso em: 15 ago. 2016.

[7] MILIES, F. C. P.; COELHO, S. P. *Números*: uma introdução à matemática. São Paulo: Edusp, 2003.

[8] MONTEIRO, J. L. H. *Elementos de álgebra*. Rio de Janeiro: Livros Técnicos e Científicos, 1969.

[9] SILVA, J. C.; GOMES, O. R. *Estruturas algébricas para licenciatura*: elementos de aritmética superior. São Paulo: Blucher, 2017. v. 2. (no prelo).

GRÁFICA PAYM
Tel. [11] 4392-3344
paym@graficapaym.com.br